汉竹编著·亲亲乐读系列

吃不胖的怀孕营养餐

李宁 主编　汉竹 编著

U0225866

江苏凤凰科学技术出版社
全国百佳图书出版单位

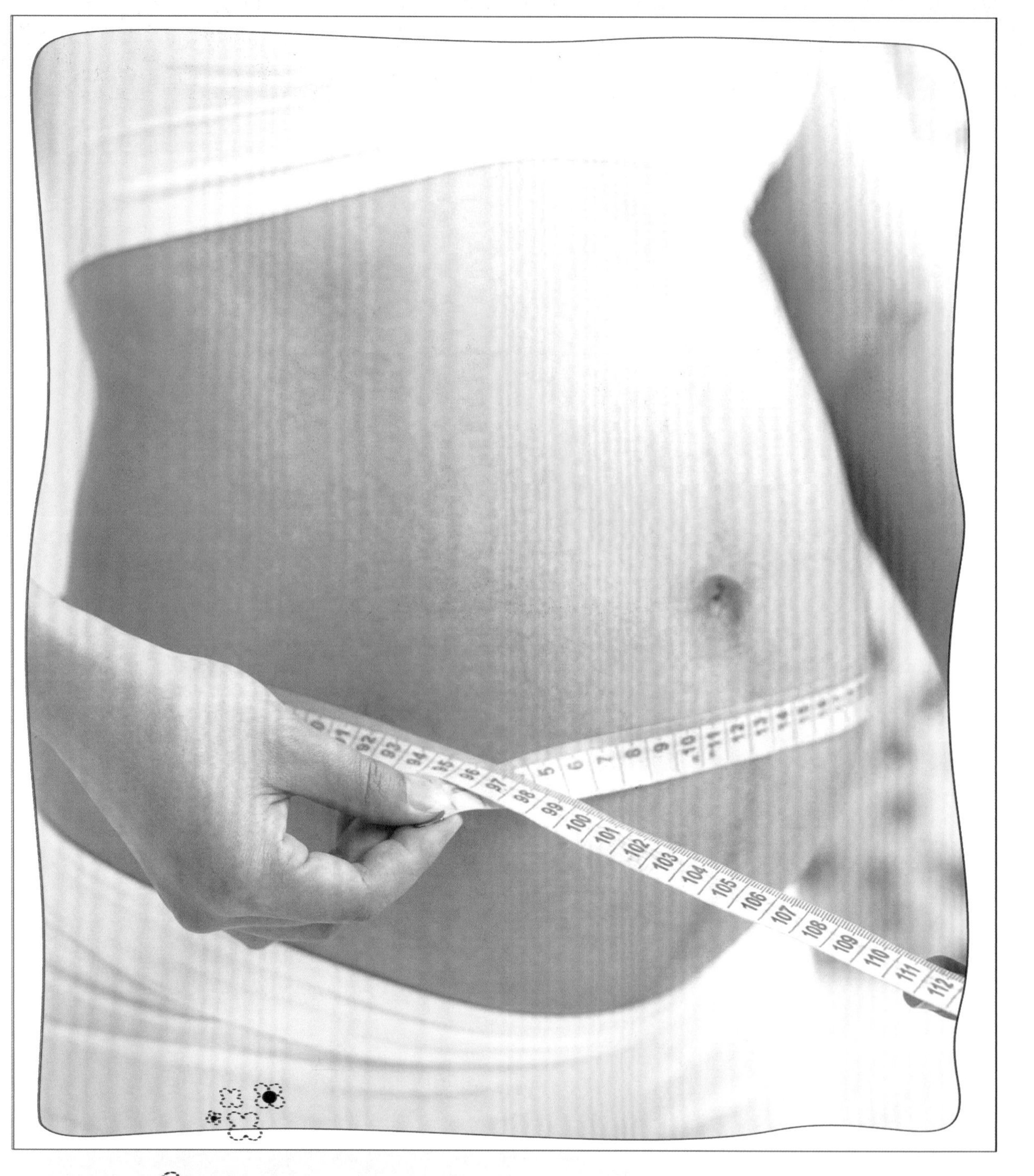

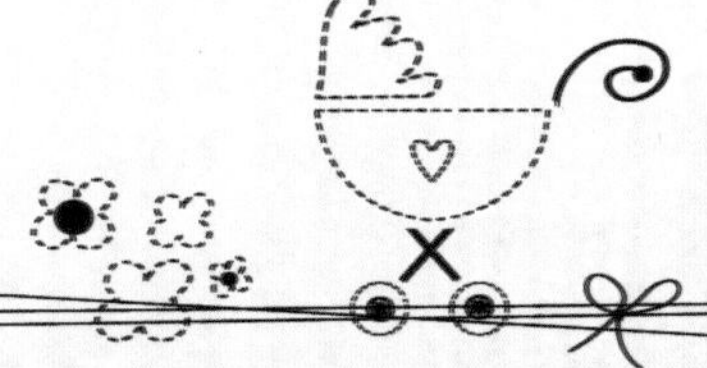

编辑导读

孕期怎么吃，能养胎又不胖？

每天应该摄入多少热量才不会使体重飙升呢？

哪些食物既有营养热量又相对较低？

孕期食谱那么多，怎么吃能控制体重呢？

……

孕妈妈体重的增加，会直接影响胎宝宝的生长发育。而体重的超标既会导致妊娠糖尿病和妊娠高血压疾病的发生，还可能造成巨大儿而难产。所以当下孕期体重管理成为医生和孕妈妈非常重视的事情，而饮食作为影响体重变化的一种因素，备受孕妈妈的关注。

本书为孕妈妈介绍了孕期长胎不长肉的饮食方案，以及不易吃胖的食材。从单一的食材到多样的食谱，参考热量、营养成分都一目了然。解决孕妈妈不知道哪些食材热量高、哪些食材热量低的问题。让孕妈妈吃美食的同时摄入胎宝宝发育所需营养。

同时，本书根据每个月孕妈妈的不同情况，给出了对应的热量摄入计划和体重管理计划，让孕妈妈进补更有针对性，孕期饮食不再迷茫。

所以，本书在介绍怀孕营养餐的同时，教孕妈妈如何合理控制体重增长，做到长胎不长肉，轻松顺利度过孕期。

孕1月

孕1月 长胎不长肉饮食方案 /16

1 先别使劲补，饮食有节制 /16
2 宜多吃嫩玉米 /16
3 进食不宜狼吞虎咽 /17
4 不宜全吃素食 /17

吃不胖的 6 种食物 /18

苹果 49 千卡 /18
莜麦菜 10 千卡 /18
冬瓜 12 千卡 /18
西蓝花 30 千卡 /19
牛肉 110 千卡 /19
鸡肉 167 千卡 /19

孕1月 营养又不胖的食谱 /20

苹果葡萄干粥 /20
南瓜包 /20
韭菜炒虾仁 /20
银耳冬瓜汤 /21
凉拌素什锦 /21
土豆炖鸡胸肉 /21
芋头莲子羹 /22
土豆饼 /22
彩蔬西蓝花 /22
山药枸杞豆浆 /23
海带鸡蛋卷 /23
甜椒炒牛肉 /23
奶酪蛋汤 /24
什锦沙拉 /24
什锦西蓝花 /24
海米白菜 /25
芦笋蛤蜊饭 /25
牛肉饼 /25
麻酱莜麦菜 /26
红枣鸡丝糯米饭 /26
冰糖藕片 /26
芥蓝腰果炒香菇 /27
芹菜拌花生 /27
鸡丝凉面 /27
奶香南瓜糊 /28
白菜豆腐粥 /28
紫菜鸡蛋饼 /28
骨汤奶白菜 /29
南瓜蒸肉 /29
荷塘小炒 /29

孕2月

孕 2 月 长胎不长肉饮食方案 /32

1 养成良好的用餐习惯 /32
2 每天 1 杯牛奶 /32
3 多吃天然食物 /33
4 体重下降别担心，饮食清淡很关键 /33

吃不胖的 6 种食物 /34

香蕉 80 千卡 /34
玉米 106 千卡 /34
香菇 23 千卡 /34
竹笋 23 千卡 /35
南瓜 23 千卡 /35
柠檬 37 千卡 /35

孕 2 月 营养又不胖的食谱 /36

南瓜油菜粥 /36
土豆烧牛肉 /36
番茄面片汤 /36
南瓜燕麦粥 /37
松仁玉米 /37
虾仁豆腐 /37
香菇山药鸡 /38
紫菜包饭 /38
麻酱豇豆 /38
橙汁酸奶 /39
排骨面 /39
奶香菜花 /39
肉末炒菠菜 /40
竹笋卤面 /40
红薯粥 /40
草莓藕粉 /41
芦笋炒肉 /41
香蕉哈密瓜沙拉 /41
玉米香菇虾肉饺 /42
番茄鸡蛋羹 /42
柠檬煎鳕鱼 /42
香菇疙瘩汤 /43
奶油葵花子粥 /43
什锦果汁饭 /43
番茄疙瘩汤 /44
奶酪手卷 /44
玉米牛蒡排骨汤 /44
肉蛋羹 /45
口蘑炒豌豆 /45
芥菜干贝汤 /45

孕3月

孕 3 月 长胎不长肉饮食方案 /48

1 早餐吃好，晚餐不过饱 /48

2 宜吃新鲜天然的酸味食物 /48

3 宜吃些粗粮 /49

4 避免吃高脂肪、油腻食物 /49

吃不胖的 6 种食物 /50

虾 48 千卡 /50

猕猴桃 58 千卡 /50

豆腐 81 千卡 /50

草莓 31 千卡 /51

鲈鱼 105 千卡 /51

油菜 12 千卡 /51

孕 3 月 营养又不胖的食谱 /52

海参豆腐汤 /52

香菇油菜 /52

猪肝油菜粥 /52

明虾炖豆腐 /53

松子意大利通心粉 /53

山药黑芝麻糊 /53

三文鱼粥 /54

养胃粥 /54

水果拌酸奶 /54

肉末炒芹菜 /55

豆苗鸡肝汤 /55

银耳拌豆芽 /55

青椒炒鸭血 /56

番茄炖牛肉 /56

海藻绿豆粥 /56

西米火龙果 /57

虾皮豆腐汤 /57

莲藕橙汁 /57

南瓜饼 /58

西米猕猴桃糖水 /58

虾酱蒸鸡翅 /58

香菇鸡汤 /59

红烧鲤鱼 /59

橙香鱼排 /59

香蕉鸡蛋卷饼 /60

红烧带鱼 /60

牛奶浸白菜 /60

银耳核桃糖水 /61

番茄炖豆腐 /61

清蒸鲈鱼 /61

孕4月

孕 4 月 长胎不长肉饮食方案 /64

1 每天要多摄入 300 千卡热量 /64
2 主食摄入要充足 /64
3 全面摄取营养 /65
4 不宜过量吃水果 /65

吃不胖的 6 种食物 /66

莲藕 76 千卡 /66
芹菜 18 千卡 /66
鲫鱼 108 千卡 /66
紫甘蓝 33 千卡 /67
白萝卜 23 千卡 /67
豆角 34 千卡 /67

孕 4 月 营养又不胖的食谱 /68

什锦面 /68
香油芹菜 /68
番茄猪骨粥 /68
海蜇拌双椒 /69
虾仁娃娃菜 /69
牛肉焗饭 /69
清炒蚕豆 /70
豌豆粥 /70
糖醋白菜 /70
鸭肉冬瓜汤 /71
鲫鱼丝瓜汤 /71
牛腩炖藕 /71
荸荠银耳汤 /72
凉拌空心菜 /72
奶酪烤鸡翅 /72
香菇荞麦粥 /73
咖喱蔬菜鱼丸煲 /73
白萝卜海带汤 /73
干烧黄花鱼 /74
如意蛋卷 /74
清蒸大虾 /74
阳春面 /75
紫薯山药球 /75
鱼头木耳汤 /75
三鲜馄饨 /76
鳗鱼饭 /76
豆角肉丝炒面 /76
紫甘蓝什锦沙拉 /77
菠菜胡萝卜蛋饼 /77
香菇炖鸡 /77

孕5月

孕 5 月 长胎不长肉饮食方案 /80

1 补充水分 /80
2 控制体重从调节每餐饮食比例开始 /80
3 要控制体重，晚餐不宜这样吃 /81

吃不胖的 6 种食物 /82

牛奶 54 千卡 /82
番茄 20 千卡 /82
西葫芦 19 千卡 /82
柚子 42 千卡 /83
彩椒 26 千卡 /83
蛤蜊 62 千卡 /83

孕 5 月 营养又不胖的食谱 /84

松仁鸡蛋卷 /84
西葫芦鸡蛋饼 /84
蛤蜊豆腐汤 /84
胡萝卜炒鸡蛋 /85
五彩蒸饺 /85
五仁大米粥 /85
三丁豆腐羹 /86
玉米面发糕 /86
凉拌蕨菜 /86
醋焖腐竹带鱼 /87
五彩玉米羹 /87
荞麦凉面 /87
盐水鸡肝 /88
鲜奶炖木瓜雪梨 /88
麻酱素什锦 /88
东北乱炖 /89
鸡蓉干贝 /89
三色肝末 /89
百合莲子桂花饮 /90
什锦烧豆腐 /90
芝麻茼蒿 /90
砂锅鱼头 /91
凉拌萝卜丝 /91
银耳樱桃粥 /91
豆腐馅饼 /92
豆角烧荸荠 /92
芦笋番茄 /92
苹果蜜柚橘子汁 /93
香椿苗拌核桃仁 /93
彩椒炒腐竹 /93

孕6月

孕 6 月 长胎不长肉饮食方案 /96

1 全麦制品能有效控制体重 /96

2 良好的饮食习惯可以避免体重飙升 /96

3 不要刻意节食 /97

吃不胖的 6 种食物 /98

胡萝卜 30 千卡 /98

莴笋 15 千卡 /98

金针菇 32 千卡 /98

橙子 48 千卡 /99

酸奶 72 千卡 /99

圆白菜 24 千卡 /99

孕 6 月 营养又不胖的食谱 /100

紫薯银耳松子粥 /100

桑葚汁 /100

鸡肝枸杞汤 /100

老北京鸡肉卷 /101

香菇肉粥 /101

粉蒸排骨 /101

花生排骨粥 /102

烤鱼青菜饭团 /102

芝麻圆白菜 /102

鹌鹑蛋烧肉 /103

菠萝虾仁烩饭 /103

开心果百合虾 /103

蛤蜊白菜汤 /104

香菇炖乳鸽 /104

双鲜拌金针菇 /104

橄榄菜炒四季豆 /105

牛奶梨片粥 /105

糯米麦芽团子 /105

椰味红薯粥 /106

蜜烧双薯丁 /106

荠菜黄鱼卷 /106

小米鸡蛋粥 /107

鲜虾芦笋 /107

香菇豆腐塔 /107

胡萝卜玉米粥 /108

红豆西米露 /108

水果酸奶吐司 /108

莴笋猪肉粥 /109

腰果炒芹菜 /109

蜂蜜芒果橙汁 /109

孕7月

孕 7 月 长胎不长肉饮食方案 /112

1 宜吃利尿、消水肿的食物 /112
2 清淡肉汤利于控制体重 /112
3 宜用蔬菜条解决问题 /113
4 饥饿感来袭，更要注意吃 /113

吃不胖的 6 种食物 /114

鱿鱼 75 千卡 /114
鳕鱼 88 千卡 /114
丝瓜 21 千卡 /114
黄瓜 12 千卡 /115
茼蒿 28 千卡 /115
茄子 23 千卡 /115

孕 7 月 营养又不胖的食谱 /116

核桃仁紫米粥 /116
青菜冬瓜鲫鱼汤 /116
丝瓜金针菇 /116
彩椒三文鱼粒 /117
熘苹果鱼片 /117
清炒茼蒿 /117
腐竹玉米猪肝粥 /118

牛奶花生酪 /118
虾肉冬瓜汤 /118
松子爆鸡丁 /119
翡翠豆腐 /119
鳕鱼蛋饼 /119
萝卜虾泥馄饨 /120
香肥带鱼 /120
阿胶枣豆浆 /120
银耳鸡汤 /121
花生拌芹菜 /121
海米炒洋葱 /121
花生紫米粥 /122
橙香奶酪盅 /122
鲜虾火腿 /122
冬瓜蜂蜜汁 /123
枣杞蒸鸡 /123
豆角焖饭 /123
三丝牛肉 /124
豆腐油菜心 /124
胭脂冬瓜球 /124
木耳炒鱿鱼 /125
肉末茄子 /125
猪肝拌黄瓜 /125

孕8月

孕 8 月 长胎不长肉饮食方案 /128

1 孕晚期控制体重在于预防营养过剩 /128

2 选好糖分摄入时间，控制体重不难 /128

3 控制体重不宜吃夜宵 /129

4 摄入有量，孕期不长胖 /129

吃不胖的 6 种食物 /130

山药 57 千卡 /130

香椿芽 47 千卡 /130

海参 72 千卡 /130

木瓜 29 千卡 /131

魔芋 24 千卡 /131

海带 13 千卡 /131

孕 8 月 营养又不胖的食谱 /132

乌鸡糯米粥 /132

蛋黄紫菜饼 /132

豆角小炒肉 /132

红烧冬瓜面 /133

宫保素三丁 /133

海鲜炒饭 /133

橘瓣银耳羹 /134

茶树菇炖鸡 /134

海参豆腐煲 /134

木瓜牛奶果汁 /135

冰糖莲藕片 /135

软熘虾仁腰花丁 /135

丝瓜虾仁糙米粥 /136

五彩山药虾仁 /136

冬瓜腰片汤 /136

板栗扒白菜 /137

香煎三文鱼 /137

培根菠菜饭团 /137

牛奶草莓西米露 /138

虾皮海带丝 /138

橙子胡萝卜汁 /138

丝瓜炖豆腐 /139

香椿芽拌豆腐 /139

鳝鱼大米粥 /139

平菇小米粥 /140

椒盐排骨 /140

莴笋炒鸡蛋 /140

四色什锦 /141

鲜奶蛋羹 /141

菠菜魔芋汤 /141

孕9月

孕9月 长胎不长肉饮食方案 /144

1 饮食宜清淡 /144
2 大量喝水体重也会飙升 /144
3 坚果吃多了容易引起体重飙升 /145
4 宜多吃有稳定情绪作用的食物 /145

吃不胖的 6 种食物 /146

猪肝 129 千卡 /146
红薯 102 千卡 /146
豆芽 19 千卡 /146
茭白 26 千卡 /147
芋头 81 千卡 /147
洋葱 40 千卡 /147

孕9月 营养又不胖的食谱 /148

牛奶水果饮 /148
冬笋拌豆芽 /148
番茄培根蘑菇汤 /148
田园土豆饼 /149
四季豆焖面 /149
洋葱炒牛肉 /149
什锦粥 /150

香菜拌黄豆 /150
香豉牛肉片 /150
冬瓜鲜虾卷 /151
菠菜鸡煲 /151
牛蒡炒肉丝 /151
红薯山药小米粥 /152
熘肝尖 /152
鲤鱼红枣汤 /152
雪菜肉丝汤面 /153
鸡肉扒小白菜 /153
草菇烧芋圆 /153
猪瘦肉菜粥 /154
牛奶香蕉芝麻糊 /154
口蘑肉片 /154
琵琶豆腐 /155
小白菜煎饺 /155
香菇豆腐汤 /155
蜜汁南瓜 /156
蚕豆炒鸡蛋 /156
奶香玉米饼 /156
菠菜芹菜粥 /157
鲜蔬小炒肉 /157
鱼香茭白 /157

孕10月

孕10月 长胎不长肉饮食方案 /160

1 低脂肪、高蛋白质食物补体力又不长胖 /160
2 分娩当天再选择高热量食物 /160
3 继续坚持少食多餐 /161
4 喝低糖饮料也会长胖 /161

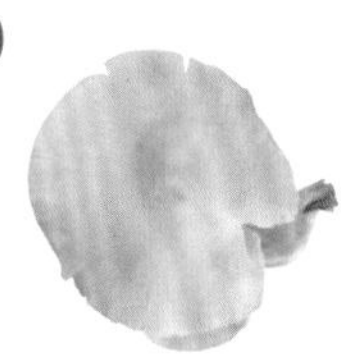

吃不胖的6种食物 /162

木耳 62千卡 /162
樱桃 46千卡 /162
豌豆 62千卡 /162
芒果 35千卡 /163
鸭血 55千卡 /163
黄花鱼 98千卡 /163

孕10月 营养又不胖的食谱 /164

玉米鸡丝粥 /164
菠菜鸡蛋饼 /164
鲷鱼豆腐羹 /164
香蕉香瓜沙拉 /165
小米面茶 /165
鸡蛋玉米羹 /165
陈皮海带粥 /166
清炒莜麦菜 /166

猪骨萝卜汤 /166
鲇鱼炖茄子 /167
樱桃虾仁沙拉 /167
果香猕猴桃蛋羹 /167
芒果鸡丁 /168
鸭血豆腐汤 /168
南瓜牛腩饭 /168
炝拌黄豆芽 /169
珍珠三鲜汤 /169
什锦海鲜面 /169
彩椒鸡丝 /170
海参汤面 /170
香蕉银耳汤 /170
香菇鸡丝面 /171
南瓜红枣汁 /171
黄花鱼炖茄子 /171
鸡血豆腐汤 /172
鲤鱼木耳汤 /172
奶酪三明治 /172
秋葵拌鸡肉 /173
紫苋菜粥 /173
干煸菜花 /173

附录

营养不增重的月子餐 /174

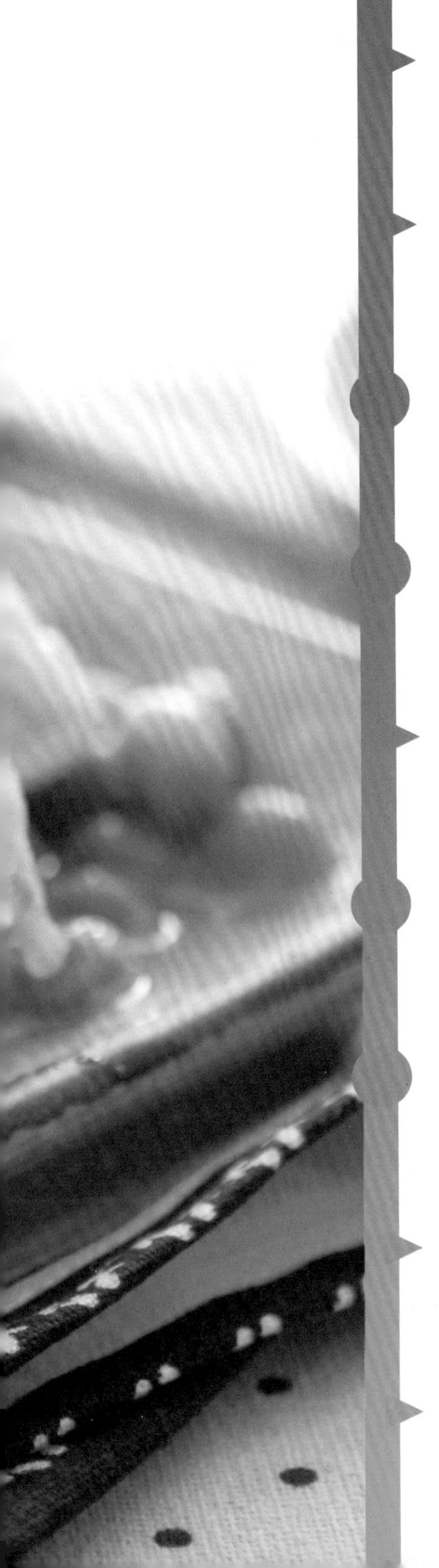

孕1月

孕 1 月，孕妈妈还不需要大补特补，只要保证饮食营养均衡、全面，基本和孕前饮食保持一致即可，可以根据自己的食欲和喜好而定。同时注意补充叶酸、维生素 E 等营养素。

增重对比

胎宝宝足月时体重为 3.5 千克左右
相当于一个小南瓜
孕妈妈整个孕期增重为 12 千克左右
相当于 2 个西瓜的重量

孕 1 月 长胎不长肉饮食方案

孕 1 月，大部分孕妈妈都没有什么症状，每天只要能补充 1 800~1 900 千卡的热量，保证饮食均衡摄入、全面，就能满足对营养的需要。孕妈妈可以根据自己的食欲和喜好而定，不需要大补特补。

1 先别使劲补，饮食有节制

怀上宝宝并不意味着一个人就要吃两个人的饭，尤其是在孕 1 月，饮食上与孕前没有太大变化，孕妈妈只要保证营养均衡即可，饮食不可过量，否则反而不利于健康。如果孕妈妈体重增加过快或肥胖过度，既给自己造成负担，也会增加产后瘦身的难度。孕妈妈应该及时调整饮食结构，积极去医院咨询，接受科学的营养指导。

2 宜多吃嫩玉米

对于孕妈妈来说，多吃嫩玉米好处很多，因为嫩玉米中丰富的维生素 E 有助于安胎，可用来防止习惯性流产、胎儿发育不良等症状。另外，嫩玉米中所含的维生素 B_1 能增进孕妈妈食欲，促进胎宝宝发育，提高神经系统的功能。嫩玉米中还含有丰富的膳食纤维，能加速致癌物质和其他毒物的排出，可起到缓解孕妈妈便秘的作用。

孕 1 月热量摄入计划

孕 1 月，孕妈妈不需要额外增加热量，每天摄取 1 800~1 900 千卡即可，所需营养素与孕前也没有太大变化，如果孕前的饮食很规律，现在只要保持就可以了。

400 千卡 早餐 + **150 千卡** 加餐 + **500 千卡** 午餐 +

土豆炖鸡胸肉 155 千卡①

芥蓝腰果炒香菇 125 千卡

注①：本书菜品及食材热量均为每 100 克所含热量。卡为传统的热量单位，但不是国际标准计量单位，考虑习惯问题，本书给予保留，读者可自行换算，1 卡 =4.18 焦耳。

3 进食不宜狼吞虎咽

孕妈妈进食是为了充分吸收营养，保证自身和胎宝宝的营养需求，但狼吞虎咽会让食物没有经过充分咀嚼就进入肠胃，导致多吃的食物并不能让孕妈妈多吸收营养成分。所以，进食时应细嚼慢咽，少量多餐。

4 不宜全吃素食

有些女性担心身体发胖，很少吃荤食，怀孕后因为妊娠反应，就更不想吃荤食了，其实荤食中含有一定量的牛磺酸，孕期，孕妈妈对牛磺酸的需求量比平时要多，又由于本身合成牛磺酸的能力有限，所以如果全吃素食，易造成牛磺酸缺乏。孕妈妈缺乏牛磺酸，胎宝宝出生后易患视网膜退化症。所以，孕妈妈要养成荤素搭配的良好饮食习惯。

孕1月 体重计划

孕 1 月体重增长不宜超过 0.4 千克，特别是体重本身就重的孕妈妈要格外重视，做好体重控制，为顺产及胎宝宝的健康做好准备。

- 计划怀孕时就要开始体重管理，合理的体重才利于优生优育。
- 准备一个体重秤，定期检测体重。
- 制作一张体重记录表，每周都要固定时间称量体重并做好记录，一直坚持到宝宝出生。
- 饮食均衡，不要暴饮暴食，也不要节食减肥。
- 本月保持和孕前一样的饮食即可。
- 本月有些孕妈妈体重可能不仅不增加，反而减轻了，这是正常现象，不必担心。
- 如果体重增长过快，要分析原因，找出对策。
- 如果孕妈妈过胖或过瘦，要根据医生建议，适当减重或增重。

孕 1 月的营养素需求

与孕前没有太大变化，但毕竟已经开始孕育小宝宝了，孕妈妈应适当增加叶酸、卵磷脂和维生素 B_6 的摄取。

叶酸 防畸主力军

卵磷脂 让胎宝宝更聪明

维生素 B_6 让孕妈妈放松

150 千卡 加餐 + **600 千卡** 晚餐 = **1800 千卡**

孕妈妈并不是要多吃，而是要吃好，确保营养

紫菜鸡蛋饼 150 千卡

本月，不需要孕妈妈大补特补，只要保证膳食营养全面、合理搭配即可，可根据自己的饮食喜好而定，避免营养过剩。

吃不胖的 6 种食物

孕1月，吃得多不如吃得好，由于此时胎宝宝还很小，孕妈妈只要保证饮食营养均衡、全面即可，下面这6种食物营养又不增重，非常适合孕1月食用。

苹果 49 千卡

苹果是一种低热量食物，其营养成分易被人体吸收，多吃不仅不会引起肥胖，还可以预防孕妈妈体重增重过快。此外，孕妈妈多吃苹果有利于增进记忆、提高智力。

主打营养素

- 膳食纤维 • 维生素C • 钾

推荐食谱

- 苹果葡萄干粥(见P20)

苹果有“智慧果”的美称

莜麦菜 10 千卡

莜麦菜营养丰富，且热量低，孕早期食用，既满足营养需要又不会增加热量。莜麦菜还有助眠的作用，孕妈妈睡眠不佳时，可将莜麦菜榨成汁，睡前饮用，有助于提高睡眠质量。

主打营养素

- 蛋白质 • 维生素C • 钙 • 钾

推荐食谱

- 麻酱莜麦菜(见P26)

莜麦菜榨汁前要清洗干净

什锦西蓝花富含维生素C，能增强孕妈妈免疫力

冬瓜 12 千卡

冬瓜有利尿消肿的功效，而且不含脂肪和胆固醇，热量低，膳食纤维含量高，是一种有助于控制体重的食材。孕前体重过高的孕妈妈可适当多吃些。

主打营养素

- 膳食纤维 • 维生素C • 钾

推荐食谱

- 银耳冬瓜汤(见P21)

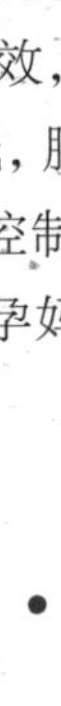

冬瓜可有效控制体重

不挑食

孕妈妈要养成良好的饮食习惯，不挑食不偏食，荤素搭配，才是正确的饮食之道。

西蓝花 30 千卡

西蓝花营养价值高，热量低，富含维生素 C、蛋白质、膳食纤维和多种矿物质，是抗癌蔬菜之王。其中的膳食纤维能有效帮助身体排毒，控制体重。

主打营养素

- 膳食纤维 • 蛋白质 • 维生素 C • 钙 • 铁

推荐食谱

- 彩蔬西蓝花（见 P22） • 什锦西蓝花（见 P24）

食用西蓝花利于缓解焦虑

牛肉 110 千卡

牛肉营养价值很高，富含蛋白质、氨基酸、铁、锌等矿物质，可益气补血，强健孕妈妈的身体。而且牛肉脂肪含量相对较低，不会导致体重过度增加。牛肉中的锌比植物中的锌更容易被人体吸收，吸收率为 21%~26%，而人体对植物中锌的吸收率为 10%~20%。

主打营养素

- 蛋白质 • 脂肪 • 锌 • 铁

推荐食谱

- 甜椒炒牛肉（见 P23） • 牛肉饼（见 P25）

牛肉营养价值高

鸡肉 167 千卡

鸡肉肉质细嫩，滋味鲜美，适合多种烹调方法。相比猪肉，鸡肉脂肪含量较少，孕妈妈适当吃些，不仅利于控制体重，还可滋养身体。但孕妈妈最好不要吃油炸的鸡肉。

主打营养素

- 蛋白质 • 钾 • 钙 • 钠

推荐食谱

- 土豆炖鸡胸肉（见 P21） • 红枣鸡丝糯米饭（见 P26）

鸡肉可滋补身体

孕 1 月 营养又不胖的食谱

苹果葡萄干粥

71 千卡 

原料: 大米 50 克，苹果 1 个，葡萄干 20 克，蜂蜜适量。

做法: ❶ 大米洗净，苹果去皮、核，切成块。❷ 锅内放入大米、苹果块，加适量清水大火煮沸，改用小火熬煮 40 分钟。食用时加入适量蜂蜜、葡萄干搅拌均匀即可。

营养功效: 苹果葡萄干粥有生津润肺、开胃消食的功效，且含丰富的有机酸及膳食纤维，可促进孕妈妈消化，加快新陈代谢，预防和减少脂肪的堆积。

南瓜包

73 千卡 维生素A 

原料: 南瓜半个，糯米粉 100 克，藕粉 30 克，香菇 2 朵，盐、酱油、白糖各适量。

做法: ❶ 南瓜去皮，蒸熟后压成泥，加入糯米粉、藕粉、水揉匀。❷ 将香菇洗净，切丝，然后放入锅中炒香，加盐、酱油、白糖，炒匀成馅。❸ 将揉好的南瓜糯米团分成 10 份，擀成包子皮，包入馅料，放锅中蒸熟即可。

营养功效: 南瓜包食材丰富，可以满足孕早期孕妈妈的营养需求，其中香菇营养丰富，可以增强孕妈妈免疫力。

韭菜炒虾仁

68 千卡 

原料: 韭菜 200 克，虾仁 10 只，葱丝、姜丝、盐、料酒、高汤、香油、油各适量。

做法: ❶ 虾仁洗净，去虾线，沥干水分。❷ 将韭菜择洗干净，切段备用。❸ 油锅烧热，下葱丝、姜丝炝锅，出香味后放虾仁煸炒 2 分钟，加料酒、盐、高汤稍炒，放入韭菜段，大火炒 3 分钟，淋入香油炒匀即可。

营养功效: 养肾补气血的韭菜与高蛋白、低脂肪、富含卵磷脂的虾仁搭配，有利于孕 1 月胚胎发育。而且韭菜富含膳食纤维，可以促进孕妈妈肠道蠕动，预防便秘。

银耳冬瓜汤

58 千卡   
膳食纤维 蛋白质 维生素C

原料：银耳30克，冬瓜100克，高汤300毫升，盐适量。

做法：❶银耳泡发、洗净，撕小朵；冬瓜去皮，洗净，切片，备用。❷油锅烧热，煸炒冬瓜片，待变色后，加入高汤、银耳，大火烧沸后转小火，煮至冬瓜软烂时，加盐调味即可。

营养功效：银耳含有蛋白质、碳水化合物等物质，可以增强孕妈妈的免疫功能，还有滋阴润肤的作用。同时，银耳冬瓜汤有一定的减肥功效，孕妈妈经常食用可有效减少多余脂肪。

凉拌素什锦

65 千卡   
膳食纤维 胡萝卜素 铁

原料：胡萝卜半根，豆腐皮1张，豇豆、豆芽、泡发海带各30克，盐、白糖、香油、香菜叶、红甜椒丝、葱花各适量。

做法：❶将豆腐皮、胡萝卜、泡发海带切丝；豇豆切段，备用。❷所有食材分别用热水焯熟，捞出放入盘中。❸加入盐、白糖、香油、红甜椒丝搅拌均匀，撒上香菜叶、葱花即可。

营养功效：凉拌素什锦食材多样，营养丰富，吃起来清爽可口，而且热量低，在改善孕妈妈食欲的同时，还能有效控制体重。

土豆炖鸡胸肉

155 千卡   
蛋白质 维生素A 胡萝卜素

原料：鸡胸肉200克，胡萝卜、土豆、香菇各30克，盐、酱油、淀粉各适量。

做法：❶胡萝卜、土豆洗净，切块；香菇洗净，切片；鸡胸肉切丁，用酱油、淀粉腌10分钟。❷油锅烧热，放入鸡胸肉丁翻炒，再放入胡萝卜块、土豆块、香菇片，加适量盐、水，待土豆绵软即可。

营养功效：土豆炖鸡胸肉对改善孕早期孕妈妈的疲劳乏力有很好的食疗作用，其中胡萝卜富含胡萝卜素，有助于增强人体的免疫功能。而且鸡胸肉脂肪含量少，孕妈妈适量食用后不用担心会长胖。

芋头莲子羹

58 千卡

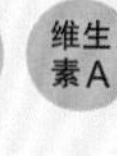

原料：糯米 50 克，莲子、芋头各 30 克，白糖适量。

做法：❶ 将糯米、莲子洗净，浸泡片刻；芋头去皮洗净，切丁；莲子泡软。❷ 将莲子、糯米、芋头一起放入锅中，加适量水同煮，粥熟后加入适量白糖，搅拌均匀即可。

营养功效：芋头莲子羹软糯细滑，香甜可口，可以增强孕妈妈食欲。莲子有补肾安胎的作用，适于孕早期食用，可增加营养，预防流产；芋头有增进食欲，促进消化的功效，在补充营养的同时不会使孕妈妈长胖。

土豆饼

124 千卡

原料：土豆、西蓝花各 50 克，面粉 100 克，牛奶 50 毫升。

做法：❶ 土豆去皮，切丝；西蓝花洗净，焯烫，切碎。❷ 土豆丝、西蓝花碎、面粉、牛奶放在一起搅匀。❸ 将搅拌好的面粉糊倒入烤盘中，用烤箱烤制成饼即可。

营养功效：土豆含有丰富的膳食纤维，孕妈妈食用可以通便排毒；西蓝花热量低，清肠和排毒的功效明显，还能有效降低孕妈妈血液中的胆固醇，防止肥胖。

彩蔬西蓝花

59 千卡

原料：西蓝花 150 克，胡萝卜粒、玉米粒各 50 克，青椒丁、红甜椒丁、盐、水淀粉各适量。

做法：❶ 西蓝花择小朵，洗净；胡萝卜粒、玉米粒焯水；再下西蓝花焯水。❷ 油锅烧热，下胡萝卜粒、玉米粒，加盐，大火翻炒；放青椒丁、红甜椒丁翻炒，加水淀粉勾芡，起锅。❸ 西蓝花围边，将炒好的彩蔬浇入盘中央即可。

营养功效：彩蔬西蓝花是孕早期食补叶酸非常好的一道菜，而且在给孕妈妈补充营养的同时，不用担心会增胖。

山药枸杞豆浆

19 千卡

原料: 山药 120 克，黄豆 40 克，枸杞子 10 克。

做法: ❶ 山药去皮，洗净，切块；黄豆洗净，浸泡 10 小时；枸杞子洗净，泡软。❷ 将山药、黄豆放入豆浆机中，加水至上下水位线之间，制成豆浆。❸ 将豆浆倒入杯中，放入枸杞子点缀即可。

营养功效: 枸杞子有抗疲劳、增强免疫力的功效，很适合孕 1 月的孕妈妈食用，为胎宝宝提供好的孕育环境；山药含有丰富的维生素和矿物质，热量又相对较低，孕妈妈在享受美味的同时不用担心会长胖。

海带鸡蛋卷

88 千卡

原料: 海带 100 克，鸡蛋 2 个，生抽、醋、花椒油、香油、盐、鲜贝露调味汁各适量。

做法: ❶ 海带洗净，切长条；鸡蛋摊成蛋皮，切成与海带差不多大小的尺寸。❷ 锅内加清水、盐烧开，放海带煮 10 分钟后过凉水。❸ 海带摊平，铺上蛋皮，沿边卷起，用牙签固定。❹ 鲜贝露调味汁、香油、醋、生抽、花椒油调成汁，佐汁同食即可。

营养功效: 海带含有大量不饱和脂肪酸及膳食纤维，可帮助孕妈妈排毒瘦身。

甜椒炒牛肉

119 千卡

原料: 牛里脊肉 100 克，红甜椒丝、黄甜椒丝各 30 克，料酒、淀粉、盐、蛋清、姜丝、酱油、高汤、甜面酱各适量。

做法: ❶ 牛里脊肉洗净、切丝，加盐、蛋清、料酒、淀粉拌匀；酱油、高汤、淀粉调成芡汁。❷ 油锅烧热，将牛肉丝炒散，放入甜面酱，加红甜椒丝、黄甜椒丝、姜丝炒香，用芡汁勾芡，翻炒均匀即可。

营养功效: 牛肉具有补脾和胃、益气补血的功效，对强健孕妈妈的身体十分有效；甜椒有提高免疫力，促进脂肪的新陈代谢，防止体内脂肪堆积的作用，利于帮助孕妈妈控制体重。

奶酪蛋汤

36 千卡   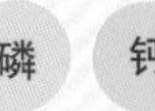
维生素A 钠 磷 钙

原料： 奶酪 20 克，鸡蛋 1 个，西芹 100 克，胡萝卜 1/4 根，高汤、面粉、盐各适量。

做法： ❶ 将西芹和胡萝卜切成末，备用；奶酪与鸡蛋一道打散，加适量面粉。❷ 锅内放适量高汤烧开，加盐调味，然后淋入调好的蛋液。❸ 锅烧开后，撒上西芹末、胡萝卜末作点缀；稍煮片刻即可。

营养功效： 奶酪营养丰富，口味和酸奶类似，食用奶酪蛋汤可以为孕妈妈补充钙质和多种维生素，增强抵抗力，对控制体重也有好处。

什锦沙拉

150 千卡   
维生素C 胡萝卜素 钾

原料： 生菜、黄甜椒、圣女果、芦笋、紫甘蓝各 50 克，沙拉酱适量。

做法： ❶ 将生菜、黄甜椒、圣女果、芦笋、紫甘蓝分别洗净，并用温水加盐浸泡 15 分钟，分别切块、切丝、切段，备用。❷ 芦笋在开水中略微焯烫，捞出沥干。❸ 将生菜块、黄甜椒丝、圣女果块、芦笋段、紫甘蓝丝码盘，挤入沙拉酱，搅拌均匀即可。

营养功效： 由多种食材制作成的什锦沙拉含丰富的叶酸和多种维生素，且热量较低，孕妈妈可以大快朵颐，不用担心会长胖。

什锦西蓝花

41 千卡   
维生素C 维生素A 钾

原料： 西蓝花、菜花各 150 克，胡萝卜 100 克，盐、白糖、醋、香油各适量。

做法： ❶ 西蓝花和菜花洗净，掰成小朵；胡萝卜洗净，去皮、切片。❷ 将全部蔬菜放入开水中焯熟后，盛盘。加盐、白糖、醋、香油搅拌均匀即可。

营养功效： 什锦西蓝花可缓解孕期焦虑，有促进孕妈妈食欲、补充维生素的作用。对于超重的孕妈妈来说，可以适当食用来控制体重。

海米白菜

35 千卡    蛋白质 维生素C 维生素E 钙

原料: 白菜 200 克，胡萝卜半根，海米 10 克，盐、水淀粉各适量。

做法: ❶ 白菜洗净，切成长条，下入开水锅中烫一下，捞出控水切块；胡萝卜洗净，切片；海米泡开，洗净控干。❷ 油锅烧热，放海米炒香，再放白菜条、胡萝卜片快速翻炒至熟，加盐调味，用水淀粉勾芡即可。

营养功效: 海米白菜具有补肾、利肠胃的功效。白菜中含丰富的维生素 C、维生素 E 和膳食纤维，具有很好的护肤效果，还能有效控制孕妈妈体重。

芦笋蛤蜊饭

129 千卡    蛋白质 叶酸 锌 钙

原料: 芦笋 50 克，蛤蜊 150 克，大米 100 克，海苔丝、红甜椒丝、姜丝、白糖、醋、香油、盐各适量。

做法: ❶ 芦笋洗净，切段；蛤蜊泡水，吐净泥沙后煮熟；将芦笋段和蛤蜊分别焯熟后备用。❷ 大米洗净，放电饭煲中，加适量水、白糖、醋、盐搅拌均匀，蒸熟。❸ 将蒸熟的米饭盛出，将焯熟的芦笋段、蛤蜊铺在米饭上，撒上海苔丝、红甜椒丝、姜丝，加香油拌匀即可。

营养功效: 芦笋含有丰富的叶酸，是补充叶酸的佳品；蛤蜊中含有大量的锌、钙等矿物质，有助于胎宝宝头发的生长。

牛肉饼

155 千卡    蛋白质 铁 磷 锌

原料: 牛肉末 250 克，鸡蛋 1 个，葱末、姜末、料酒、盐、老抽、香油、淀粉各适量。

做法: ❶ 牛肉末加入葱末、姜末、料酒、盐、老抽、香油，搅拌均匀，打入鸡蛋，加入少量淀粉，继续搅拌。❷ 油锅烧热，将肉馅摊平成饼状，煎熟；或上屉蒸熟；也可以用微波炉大火加热 5~10 分钟至熟。

营养功效: 牛肉的蛋白质含量较高，且脂肪含量较低，孕妈妈常吃牛肉可以提高抗病能力，促进胎宝宝的生长发育，也不用担心体重会过度增加。

麻酱莜麦菜

35 千卡  维生素E　钙  磷  铁

原料: 莜麦菜 200 克，盐、蒜、芝麻酱各适量。

做法: ❶ 莜麦菜洗净，切长段备用。❷ 芝麻酱加入凉开水稀释，搅拌成均匀的麻酱汁，加盐调味；蒜去皮，切碎末备用。❸ 将调好的芝麻酱淋在莜麦菜段上，最后撒上蒜末即可。

营养功效: 莜麦菜的膳食纤维丰富，而芝麻酱内铁的含量非常丰富，两种食材一起凉拌食用，既能帮助孕妈妈消化，又能补充钙质，还不容易让孕妈妈变胖。

红枣鸡丝糯米饭

173 千卡  维生素C  维生素A  胡萝卜素

原料: 红枣 10 颗，鸡腿肉、糯米各 100 克，盐适量。

做法: ❶ 红枣洗净，去核；鸡腿肉洗净，切丝，汆烫至熟；糯米洗净，浸泡 2 小时。❷ 将糯米、鸡腿肉丝、红枣放入锅中，加适量清水，蒸熟，根据自己的口味加盐调味即可。

营养功效: 红枣的味道甜中透香，能补气血、增进食欲，是体质虚弱的孕妈妈补充营养的好食材。

冰糖藕片

107 千卡  维生素C  磷  钾

原料: 莲藕 1 节，枸杞子 20 克，鲜菠萝片、冰糖各适量。

做法: ❶ 莲藕洗净，去皮，切片；枸杞子洗净。❷ 把莲藕片、枸杞子、菠萝片、冰糖放入锅中，加适量清水，煮熟即可。

营养功效: 冰糖藕片甜脆可口，可以作为孕妈妈常食的滋补品，超重的孕妈妈可少放入一些冰糖，避免摄入过多热量。

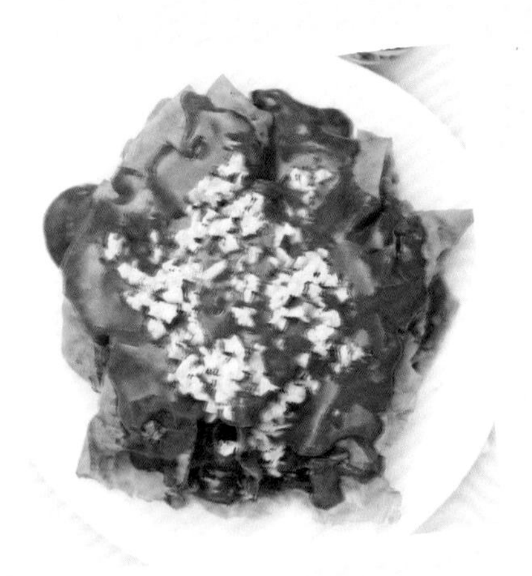

芥蓝腰果炒香菇

125 千卡 蛋白质 胡萝卜素 磷 钾

原料: 芥蓝 150 克，香菇 4 朵，腰果、枸杞子、盐各适量。

做法: ❶ 芥蓝洗净去皮，切片；香菇洗净后切片；腰果、枸杞子洗净沥干水。❷ 油锅烧热，小火放入腰果炸至变色捞出。❸ 另起油锅烧热，煸炒香菇片，炒至水干，加入芥蓝片翻炒至熟，再加入腰果、枸杞和盐翻炒均匀即可。

营养功效: 腰果含蛋白质、脂肪等，与富含维生素的芥蓝、香菇搭配食用，营养均衡不增重。

芹菜拌花生

157 千卡 蛋白质 胡萝卜素 钙 磷

 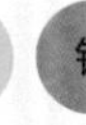 

原料: 芹菜 250 克，花生仁 80 克，香油、盐、生抽各适量。

做法: ❶ 花生仁洗净，泡涨后去皮，加适量水煮熟。❷ 芹菜洗净，切成段，放入开水中焯熟。❸ 将花生仁、芹菜段放入碗中，加香油、盐、生抽搅拌均匀即可。

营养功效: 花生仁有润肺止咳、补血的作用；芹菜中含有丰富的蛋白质、钙、磷、胡萝卜素等，对改善孕妈妈体内环境十分有益，有利于安抚孕妈妈情绪，消除烦躁。

鸡丝凉面

136 千卡 蛋白质 钾 磷

原料: 面条 150 克，鸡胸肉 50 克，黄瓜丝、熟花生碎、芝麻酱、料酒、生抽、葱段、姜片、蒜末、醋、盐各适量。

做法: ❶ 鸡胸肉洗净，加水、葱段、姜片、料酒，大火煮至鸡肉熟烂；将鸡胸肉捞出，晾凉，撕成细丝。❸ 芝麻酱、生抽、醋、盐、蒜末放入碗中，混合成酱汁。❹ 将面条煮熟，过凉，沥干水分；将酱汁浇在面条上，码上黄瓜丝、鸡丝、熟花生碎即可。

营养功效: 相信这一碗鸡丝凉面会让孕妈妈食欲大增，吃起来清清爽爽，而且不油腻，不用担心体重会飙升。花生碎和芝麻酱搭配在一起，又有很好的补钙作用。

奶香南瓜糊

45 千卡 维生素A 磷 钾

原料: 南瓜 150 克，牛奶适量。

做法: ❶ 南瓜去皮后切小块，蒸熟。❷ 用搅拌机将蒸熟的南瓜块和牛奶打匀成糊状。❸ 将南瓜牛奶糊倒入碗中，再在表面淋一勺牛奶即可。

营养功效: 奶香南瓜糊香甜可口，能加快胃部的消化，有利于孕妈妈控制体重。其中牛奶对孕妈妈有镇静安神、美容养颜的功效，也可以促进胎宝宝的大脑发育。

白菜豆腐粥

65 千卡 蛋白质 维生素C 胡萝卜素

 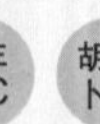 

原料: 大米 50 克，白菜叶 50 克，豆腐 60 克，葱丝、盐各适量。

做法: ❶ 大米淘洗干净，倒入盛有适量水的锅中熬煮。❷ 白菜叶洗净，切碎；豆腐洗净，切块。❸ 油锅烧热，炒香葱丝，放入白菜叶碎、豆腐块同炒片刻。❹ 白菜叶碎、豆腐块倒入粥锅中，加适量盐继续熬煮至粥熟即可。

营养功效: 白菜豆腐粥清淡可口，低脂、低热量，让孕妈妈清晨就有一个好胃口，在补充营养的同时还不容易长胖。

紫菜鸡蛋饼

150 千卡 蛋白质 钙 碘 铁

原料: 紫菜 10 克，鸡蛋 1 个，面粉、盐各适量。

做法: ❶ 紫菜洗净后切碎装入碗中备用。❷ 加入面粉、鸡蛋和适量水，并加少许盐，拌匀成糊状。❸ 油锅烧热，将面糊摊成饼煎熟，食用时切块即可。

营养功效: 紫菜富含钙、铁等矿物质，能增强孕妈妈的记忆力，促进骨骼、牙齿的生长，和鸡蛋、面粉做成鸡蛋饼既营养又不会让孕妈妈的体重增加。

骨汤奶白菜

53 千卡 

原料: 奶白菜 200 克，香菜 2 棵，猪里脊肉 50 克，骨头汤、盐、香油、水淀粉各适量。

做法: ❶ 猪里脊肉洗净，切丝；香菜切段；奶白菜洗净，对半切开，焯水。❷ 锅中倒入骨头汤烧开，放肉丝搅散，加盐、水淀粉，放香菜段，淋香油。❸ 最后将做好的汤浇在奶白菜上即可。

营养功效: 骨汤奶白菜口感清淡香甜、营养丰富，而且热量较低，是孕妈妈控制体重、补充营养的好选择。

南瓜蒸肉

220 千卡 

原料: 小南瓜 1 个，猪肉 150 克，淀粉、盐、料酒、生抽、香油、蒜末各适量。

做法: ❶ 小南瓜从上面切出小盖，去掉里面的瓤和子后洗净。❷ 猪肉洗净后切片，然后用淀粉、盐、料酒、生抽、香油、蒜末腌制 2 小时。❸ 将腌好的猪肉片填入南瓜中，盖上南瓜盖，隔水蒸 30 分钟即可。

营养功效: 南瓜蒸肉营养丰富，荤素搭配适当，口感软糯香甜，适合胃口不佳的孕妈妈食用，怕胖的孕妈妈可尽量选择较瘦的猪肉。

荷塘小炒

120 千卡 

原料: 莲藕 100 克，胡萝卜、荷兰豆各 50 克，木耳、盐、水淀粉各适量。

做法: ❶ 木耳洗净，泡发，撕小朵；荷兰豆择洗干净；莲藕去皮，洗净，切片；胡萝卜洗净，去皮，切片；水淀粉加盐调成芡汁。❷ 胡萝卜片、荷兰豆、木耳、莲藕片分别用开水焯熟，沥干。❸ 油锅烧热，倒入焯过的食材翻炒出香味，浇入芡汁勾芡即可。

营养功效: 荷塘小炒中维生素含量丰富，口味清爽，可以增强孕妈妈食欲，同时热量低，孕妈妈食用后不用担心会影响身材。

孕2月

进入孕 2 月，忽然而至的头晕、乏力、嗜睡、恶心、呕吐、厌油腻等早孕反应表现明显。孕妈妈要注意饮食清淡，尽量不要挑食，保持营养的全面和均衡。

增重对比

胎宝宝增重不明显
只有 1 颗葡萄那么重
孕妈妈增加了约 3 个苹果的重量

孕 2 月 长胎不长肉饮食方案

孕 2 月，孕妈妈可能已经出现了一些如恶心、呕吐、干呕等早孕症状。早孕情况严重可能还会导致孕妈妈体重减轻，这是正常现象，孕妈妈不用担心，也不用强求一定要增重多少，能吃多少就吃多少即可。

1 养成良好的用餐习惯

从孕早期开始，孕妈妈就要养成良好的用餐习惯。每日三餐的吃饭时间最好依次设定在早晨七点至八点、中午十二点至下午一点、晚上六点至七点，三餐之间适当安排 2 次加餐，可以吃些水果、坚果等，还可以喝些牛奶或蔬菜汁等。既能适当补充能量，还有助于实现营养的均衡，也利于孕妈妈控制体重。

2 每天 1 杯牛奶

牛奶营养丰富，其中的 B 族维生素，可以促进皮肤的新陈代谢。而且孕妈妈孕期要注重补钙，一方面是满足自身需要，一方面是为胎宝宝的生长发育输入营养，而牛奶中的钙更容易被孕妈妈所吸收。所以，每天喝 200~400 毫升的牛奶，保证钙等矿物质的摄入的同时，孕妈妈不用担心体重会飙升。

孕 2 月热量摄入计划

孕 2 月，孕妈妈同样不需要增加热量，每天摄取 1 800~1 900 千卡即可，如果孕妈妈的早孕反应较严重，可以多吃些开胃的清淡食物，也可以通过采取少食多餐的形式，来保证自己和胎宝宝的营养需求。

400 千卡 早餐 + **150 千卡** 加餐 + **500 千卡** 午餐 +

南瓜油菜粥 55 千卡

竹笋卤面 167 千卡

3 多吃天然食物

吃新鲜的蔬菜和水果、天然的五谷杂粮既美味健康又能让孕妈妈获得充足的营养，而垃圾食品除了填饱肚子之外，只会给肠胃增加更多的负担。所以，孕妈妈最好管住自己的嘴，告别垃圾食品，多吃新鲜天然的食物，既补充了营养，也不会使体重飙升。

4 体重下降别担心，饮食清淡很关键

本月中，孕妈妈可能会出现体重降低的情况，孕妈妈不用担心，这是正常现象。不要因为体重轻微下降就盲目大补，其实，只要能吃得营养均衡，就能保证自己和胎宝宝的健康。孕妈妈此时多吃一些清淡、易消化的食物，既可以补充体力，又可以缓解孕吐。油腻、重口味的食物，可能会使早孕反应加重。

孕2月 体重计划

孕 2 月体重增长不宜超过 0.4 千克，孕吐严重的孕妈妈体重可能会减轻，一些很少孕吐、胃口好的孕妈妈，体重会有所增加。

- 可以开始记录饮食日记，配合每天的体重记录能更有效地监测体重变化。
- 不必强迫自己非要正常的一日三餐，可以在三餐之间吃一点坚果、水果做加餐。
- 要均衡饮食，每天食物品种最好不少于 6 种。
- 可以每天吃两个苹果，既可以缓解不良情绪，还对控制体重有帮助。
- 可以报个孕期体重管理班，交流经验，相互监督。
- 如果体重下降，也不用刻意追求体重的增长，保证营养，均衡饮食，坚持锻炼即可。
- 分析孕 1 月的体重记录，如果体重增加超过 0.4 千克，就要在保证其他营养素的同时，减少摄入脂肪含量高的食物。

孕 2 月的营养素需求

孕 2 月的胎宝宝，现在还只是一个小胚胎，大约长 4 毫米，就像苹果子那么大。此时孕妈妈注意补充维生素 E、锌、碳水化合物等胎宝宝所需营养。

保证胎宝宝各组织器官的供氧

促进胎宝宝神经系统发育

150 千卡 加餐 + **600 千卡** 晚餐 = **1800 千卡**

吃清淡易消化的食物，补充体力，缓解早孕反应

土豆烧牛肉 120 千卡

孕妈妈的饮食习惯要健康，尽量不要挑食，保持营养的全面和均衡。本月在饮食中适当增加一些缓解孕吐的食材会更好，如柠檬等酸味食物。

吃不胖的 6 种食物

孕 2 月，应该在吃得好、吃得全、吃得可口上下功夫，注重日常生活中饮食的搭配和多样化，多吃新鲜蔬菜和水果，注意调养，下面 6 种食物营养丰富又不易使人增重，非常适合孕 2 月食用。

香蕉 80 千卡

香蕉含有预防胃溃疡的 5- 羟色胺，能缓解胃酸对胃黏膜的刺激，保护胃黏膜，有助于缓解孕吐。同时富含能够保护动脉内壁的钾元素，是预防妊娠高血压疾病的保健食物，孕妈妈可以每天吃 1 根香蕉，不必担心会长胖。

主打营养素

- 碳水化合物 • 蛋白质 • 胡萝卜素 • 钾

推荐食谱

- 香蕉哈密瓜沙拉(见 P41)

香蕉可以保护胃黏膜

玉米 106 千卡

玉米中丰富的膳食纤维，能防止胆结石的形成，降低血中胆固醇的浓度，避免血脂异常。其中的维生素 B_6、烟酸等成分，有刺激肠胃蠕动、加速排泄的作用，可以解决孕妈妈的便秘之苦，孕妈妈多吃玉米不用担心会增肥，反而会有瘦身的效果。

主打营养素

- 膳食纤维 • 蛋白质 • 维生素 E

推荐食谱

- 松仁玉米(见 P37)
- 玉米牛蒡排骨汤(见 P44)

玉米是粗粮中的保健佳品

什锦果汁饭香甜可口，可增强孕妈妈食欲

香菇 23 千卡

香菇是高蛋白质、低脂肪，富含维生素和矿物质的保健食物，能够增强孕妈妈和胎宝宝的免疫力。孕期多吃香菇，可以让孕妈妈远离便秘困扰。

主打营养素

- 碳水化合物 • 蛋白质 • 维生素 • 磷

推荐食谱

- 香菇山药鸡(见 P38) • 香菇疙瘩汤(见 P43)

鲜香菇较干香菇更营养

竹笋 23 千卡

竹笋具有低脂肪、低糖、多膳食纤维的特点，孕期食用竹笋，既能保证营养，防治便秘，还能帮助孕妈妈控制体重增加。

主打营养素

• 蛋白质 • 维生素 C • 钾 • 磷

推荐食谱

• 竹笋卤面（见 P40）

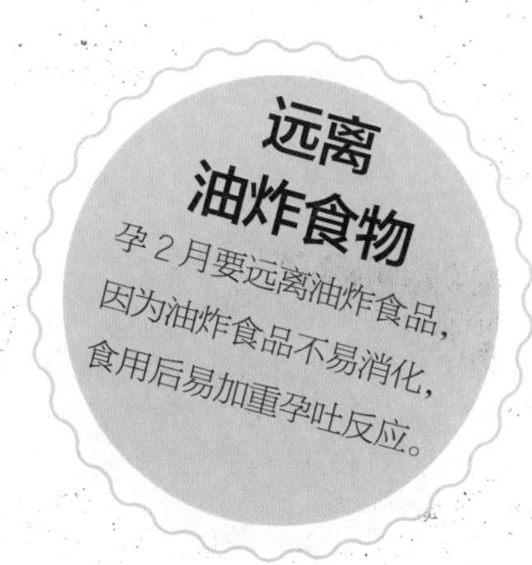

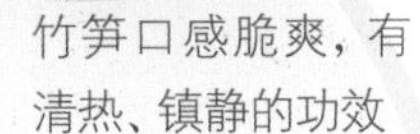

竹笋口感脆爽，有清热、镇静的功效

南瓜 24 千卡

南瓜的热量很低，膳食纤维多，吃后肚子有饱腹感，从而帮助孕妈妈减少食量，避免体重增长过快。且南瓜富含膳食纤维，能帮助清除身体毒素。同时孕妈妈食用南瓜，可促进胎宝宝脑细胞发育，增强其活力。

主打营养素

• 碳水化合物 • 维生素 A • 胡萝卜素 • 钾

推荐食谱

• 南瓜油菜粥（见 P36） • 南瓜燕麦粥（见 P37）

南瓜有饱腹感，有利于控制体重

柠檬 37 千卡

柠檬有化痰止咳、生津健脾的功效，其中富含的维生素 C，可以帮助孕妈妈预防感冒。孕早期，想缓解孕吐症状的孕妈妈可以喝些柠檬水。而且孕妈妈摄入的柠檬酸可以抑制脂肪积聚，预防肥胖。

主打营养素

• 碳水化合物 • 维生素 C • 镁 • 钾 • 钙

推荐食谱

• 柠檬煎鳕鱼（见 P42）

柠檬可有效缓解孕吐

孕 2 月 营养又不胖的食谱

南瓜油菜粥

55 千卡 维生素A 胡萝卜素 钾

原料： 大米 50 克，南瓜 40 克，油菜 20 克，盐适量。

做法： ❶ 将南瓜去皮，去瓤，洗净，切成小丁；油菜洗净，切丝；大米淘洗干净。❷ 锅中放入大米、南瓜丁，加适量水煮熟后，加入油菜丝搅拌均匀，最后加盐调味即可。

营养功效： 油菜富含胡萝卜素和叶酸，有利于预防胎宝宝神经管发育畸形；南瓜含果胶，有助于孕妈妈排毒。南瓜油菜粥热量低，含膳食纤维丰富，适量食用还可以帮助孕妈妈控制体重。

土豆烧牛肉

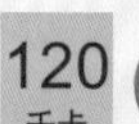    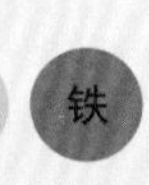

120 千卡 膳食纤维 蛋白质 维生素E 钙 铁

原料： 牛肉 150 克，土豆 2 个，盐、酱油、葱段、姜片各适量。

做法： ❶ 土豆去皮洗净，切块；牛肉洗净，切成滚刀块，用沸水中氽 2 分钟。❷ 油锅烧热，下牛肉块、葱段、姜片煸炒出香味，加盐、酱油和适量水，汤沸时撇净浮沫，改小火炖约 1 小时，最后下土豆块炖熟即可。

营养功效： 土豆烧牛肉富含碳水化合物、优质蛋白质、维生素 E、铁等营养成分，既对贫血的孕妈妈有一定补益作用，又能够满足胎宝宝正常发育的营养需求。

番茄面片汤

87 千卡 膳食纤维 维生素A 维生素C 锌

原料： 番茄 1 个，面片 50 克，高汤、盐、香油各适量。

做法： ❶ 番茄用开水略烫，去皮后切块。❷ 油锅烧热，炒香番茄，炒成泥状，加高汤、面片烧开。❸ 煮 3 分钟后，加盐、香油调味即可。

营养功效： 一碗热乎乎的酸甜番茄面片汤，富含维生素 C、膳食纤维等，具有滋阴清火、健胃消食的作用，还可以预防孕妈妈便秘。孕妈妈常食也不用担心会长胖。

南瓜燕麦粥

35 千卡  蛋白质  膳食纤维  钙  磷 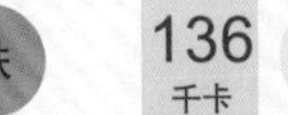 铁

原料：燕麦 30 克，大米 50 克，南瓜 40 克，葱花适量。

做法：❶ 南瓜洗净削皮，切片；大米洗净，清水浸泡半小时。❷ 大米放入锅中，加适量水，大火煮沸后转小火煮 20 分钟；然后放入南瓜片，小火煮 10 分钟；再加入燕麦，继续用小火煮 10 分钟，关火后撒上葱花即可。

营养功效：南瓜燕麦粥热量低，既营养又不容易增重。其中南瓜有补中益气、降血脂、降血糖的功效；燕麦含钙、磷、铁等矿物质，还富含维生素 B_6，能帮助孕妈妈放松心情。

松仁玉米

136 千卡 维生素A  维生素E  镁

原料：玉米粒 150 克，胡萝卜半根，豌豆、松子仁各 50 克，葱花、盐、白糖、水淀粉各适量。

做法：❶ 胡萝卜洗净切丁；豌豆、松子仁洗净，备用。❷ 油锅烧热，放入葱花煸香，然后下胡萝卜丁翻炒；再下豌豆、玉米粒翻炒至熟，加盐、白糖调味；加入松子仁，最后用水淀粉勾芡即可。

营养功效：玉米富含膳食纤维和维生素；松子仁含有维生素 E、DHA 和镁元素，能满足胎宝宝骨骼、肌肉和大脑的快速发育需求，而且松仁玉米的香甜口感，可以增强孕妈妈的食欲。

虾仁豆腐

132 千卡  蛋白质 钙  钾  磷

原料：豆腐 300 克，虾仁 100 克，葱花、姜末、盐、蛋清、水淀粉、香油各适量。

做法：❶ 将豆腐切成小丁，放入开水中焯一下，然后捞出沥干；将虾仁处理干净，加入少许盐、水淀粉、蛋清上浆。❷ 将葱花、姜末、水淀粉和香油放入小碗中，调成芡汁。❸ 油锅烧热，放入虾仁炒熟，再放入豆腐丁同炒，出锅前倒入调好的芡汁，迅速翻炒均匀即可。

营养功效：虾仁豆腐富含蛋白质以及钙、磷等矿物质，有助于胎宝宝大脑发育，也是孕妈妈补充蛋白质和钙的营养美食。

香菇山药鸡

137 千卡

原料：山药100克，鸡腿150克，干香菇6朵，料酒、酱油、白糖、盐各适量。

做法：❶山药洗净，去皮，切厚片；干香菇泡软，去蒂，切块。❷将鸡腿洗净，剁块，汆烫，去血沫后冲洗干净。❸将鸡腿块、香菇块放入锅内，加料酒、酱油、白糖、盐和适量水同煮。❹开锅后转小火，10分钟后放入山药片，煮至汤汁稍干即可。

营养功效：鸡肉、香菇可提高抵抗力；山药促进脾胃消化吸收，三者同食可补养身体，且香菇山药鸡的热量不是很高，孕妈妈不用担心会增肥。

紫菜包饭

143 千卡

原料：糯米50克，鸡蛋1个，紫菜2片，火腿、黄瓜、沙拉酱、白醋各适量。

做法：❶黄瓜洗净切条，加白醋腌制；火腿切条；糯米蒸熟成饭，倒入白醋，拌匀晾凉；鸡蛋打成蛋液，入油锅摊成饼，切丝。❷紫菜铺平，将糯米饭均匀铺在紫菜上，再摆上黄瓜条、火腿条、鸡蛋丝、沙拉酱，卷起，切成2厘米的厚卷即可。

营养功效：紫菜包饭食材丰富，营养均衡，适合孕早期胃口不佳的孕妈妈食用。紫菜富含钙、碘等矿物质，可以预防孕妈妈和胎宝宝贫血，又不会给孕妈妈增加太多热量。

麻酱豇豆

70 千卡

原料：豇豆200克，芝麻酱、蒜末、香油、白糖、醋、盐各适量。

做法：❶豇豆切段，放入沸水中焯熟后，将豇豆段捞出码盘。❷将芝麻酱、香油、白糖、醋、盐调成调味汁，淋在码好的豇豆段上，撒上蒜末即可。

营养功效：麻酱豇豆，清脆爽口，可以提高孕妈妈食欲。其中芝麻酱补钙的作用很好，如果制作过程中芝麻酱比较稠，不好调和，可以放一点点温开水；豇豆有健胃补肾、止消渴、防呕吐的功效，而且麻酱豇豆的热量较低，孕妈妈食用后不用担心会发胖。

橙汁酸奶

62 千卡 

原料： 橙子 1 个，酸奶 200 毫升，蜂蜜适量。

做法： ❶ 将橙子去皮，去核，切小块后榨成汁。❷ 与酸奶、蜂蜜搅拌均匀即可。

营养功效： 酸奶富含蛋白质、钙、维生素 B_2、维生素 E，可以促进肠胃蠕动，帮助排便，孕期容易便秘的孕妈妈可以适量喝些，但不能喝冰镇酸奶；橙子中的维生素 C 含量较高，有很好的健脾开胃的效果。孕妈妈喝些橙汁酸奶有助于在孕 2 月控制体重。

排骨面

174 千卡 蛋白质 

原料： 排骨 250 克，面条 80 克，葱段、姜片、盐各适量。

做法： ❶ 排骨洗净，剁成长段。❷ 油锅烧热，放葱段、姜片炒香。❸ 放入排骨段，加盐煸炒至变色，加水，大火煮沸。❹ 另起锅，加水煮沸，放入面条，煮熟后捞出，倒入排骨和汤汁即可。

营养功效： 排骨面做法简单，口感美味，营养丰富，孕妈妈可经常食用。其中排骨的营养价值高，能提供钙、优质蛋白质，还能补血，为孕妈妈补充身体所需的能量。

奶香菜花

53 千卡 

原料： 菜花 300 克，牛奶 125 毫升，胡萝卜半根，玉米粒、豌豆各 50 克，盐、黄油各适量。

做法： ❶ 菜花掰小朵，洗净；胡萝卜洗净，切丁；菜花和胡萝卜煮至六成熟，捞出。❷ 锅烧热，放黄油化开，倒入菜花翻炒，加入胡萝卜丁和玉米粒。❸ 最后加牛奶、豌豆翻炒至熟，加盐调味即可。

营养功效： 奶香菜花富含抗氧化物质、叶酸和膳食纤维，适合想要瘦身的孕妈妈食用，营养丰富又不会过多增重。

肉末炒菠菜

125 千卡

原料：猪瘦肉50克，菠菜200克，盐、白糖、香油、水淀粉各适量。

做法：❶猪瘦肉洗净，剁成末；菠菜切段。❷水烧沸后放入菠菜焯至八成熟，捞起沥干水。❸油锅烧热，将猪瘦肉末用小火翻炒，再加入菠菜段炒匀，放盐和白糖调味。❹最后用水淀粉勾芡，淋上香油即可。

营养功效：菠菜不仅富含叶酸，还含有丰富的膳食纤维，在帮助孕妈妈补充营养的同时还有助于消化。菠菜与肉类搭配，可以起到营养互补的作用。

竹笋卤面

167 千卡

原料：面条100克，竹笋1根，猪肉30克，胡萝卜半根，红甜椒碎、酱油、水淀粉、盐、香油各适量。

做法：❶将竹笋、猪肉、胡萝卜洗净，切小丁。❷面条煮熟，过水后盛入汤碗中。❸油锅烧热，放猪肉丁煸炒，再放竹笋丁、红甜椒碎、胡萝卜丁翻炒，加入酱油、盐、水淀粉，浇在面条上，最后再淋上香油即可。

营养功效：竹笋卤面中的竹笋清香，具有开胃、促进消化、增强食欲的作用。并且竹笋是低脂、低热量食品，利于孕妈妈控制体重。

红薯粥

73 千卡

原料：红薯100克，大米50克。

做法：❶红薯洗净，去皮，切成块；大米洗净，浸泡30分钟。❷将泡好的大米和红薯块放入锅中同煮，大火煮沸后转小火煮至米烂粥稠即可。

营养功效：红薯富含多种维生素和膳食纤维，能帮助孕妈妈排毒美容。用红薯当主食还有助于瘦身。

草莓藕粉

79 千卡  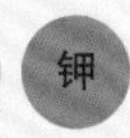

原料：藕粉 50 克，草莓适量。

做法：❶ 藕粉加适量水调匀，锅置火上，加水烧开，倒入调匀的藕粉，用小火慢慢熬煮，边熬边搅动，熬至透明即可。❷ 草莓洗净，切成块，放入搅拌机中，加适量水，榨汁。❸ 将草莓汁倒入藕粉中，食用时调匀即可。

营养功效：藕粉益胃健脾、养气补益，且易于消化吸收，与富含维生素 C 的草莓搭配，酸甜可口，怕胖的孕妈妈要控制好每次藕粉的摄入量。

芦笋炒肉

136 千卡   

原料：猪里脊肉 150 克，芦笋 3 根，蒜 4 瓣，木耳、水淀粉、盐各适量。

做法：❶ 芦笋洗净，切段；蒜切末；木耳泡发，洗净，撕成小朵；猪里脊肉洗净，切成条，尽量和芦笋段一样粗细。❷ 油锅烧热，放入蒜末炒香，然后放入猪里脊肉丝、芦笋段、木耳翻炒均匀。❸ 出锅前加盐调味，用水淀粉勾芡即可。

营养功效：孕期荤素搭配很重要，猪里脊肉鲜美爽嫩，芦笋低热量、高营养，二者搭配是很好的选择，而且孕妈妈在享受美味的同时不用担心会长胖。

香蕉哈密瓜沙拉

51 千卡    

原料：哈密瓜 200 克，香蕉 1 根，酸奶 125 毫升。

做法：❶ 香蕉去皮，切块；哈密瓜去皮、去子，果肉切成小块，备用。❸ 将香蕉块与哈密瓜块一起放在盘中，最后把酸奶倒入盘中，搅拌均匀即可。

营养功效：哈密瓜中维生素、矿物质含量丰富，孕妈妈常吃可缓解焦躁的情绪；香蕉富含钾、叶酸，有利于保证胎宝宝神经器官正常发育，而且香蕉哈密瓜沙拉的热量低，适合怕胖的孕妈妈食用。

玉米香菇虾肉饺

158 千卡 

原料: 饺子皮13个，猪肉150克，干香菇3朵，虾、玉米粒各30克，盐、香油各适量。

做法: ❶ 干香菇泡发后切丁；虾去皮、去虾线，切丁。❷ 将猪肉洗净剁碎，放入香菇丁、虾肉丁和玉米粒，搅拌均匀；再加入盐、香油、泡香菇的水制成馅。❸ 饺子皮包上馅，包好后下锅煮熟即可。

营养功效: 多种食材包成的饺子，可以让孕妈妈一次摄入多种营养。玉米香菇虾肉饺既可以满足孕2月胎宝宝的发育需求，又可以使孕妈妈在滋补身体的同时不会增重过多。

番茄鸡蛋羹

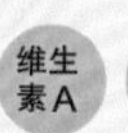

原料: 鸡蛋2个，番茄1个，葱花、盐、香油各适量。

做法: ❶ 番茄去皮，切丁；鸡蛋打散，加盐搅拌，再加入适量温水和番茄丁拌匀。❷ 放入锅中，用中火蒸，取出时，撒上葱花，淋上香油即可。

营养功效: 鸡蛋中含有蛋白质、卵磷脂等营养成分；番茄中含维生素、微量元素等，这道番茄鸡蛋羹能够为孕妈妈提供全面的营养。

柠檬煎鳕鱼

125 千卡 

原料: 鳕鱼肉200克，柠檬1个，蛋清、盐、水淀粉各适量。

做法: ❶ 鳕鱼洗净，切小块，加入盐腌制片刻，挤入适量柠檬汁。❷ 将腌制好的鳕鱼块裹上蛋清和水淀粉。❸ 油锅烧热，放入鳕鱼煎至两面金黄即可出锅装盘。

营养功效: 鳕鱼属于深海鱼类，DHA含量相当高，是有利于胎宝宝大脑发育的益智食品，加入适量的柠檬汁，能有效缓解孕妈妈的呕吐、厌食症状，还可以较好地控制体重。

香菇疙瘩汤

78 千卡 蛋白质 

磷

原料: 香菇 4 朵，面粉 30 克，鸡蛋 1 个，盐适量。

做法: ❶ 香菇洗净，切丁；面粉加水和鸡蛋混合拌匀成面团。❷ 在锅中倒入适量清水，大火烧沸后，用小勺挖取面团，放入锅中。❸ 面疙瘩浮起后，放入香菇丁、盐煮熟即可。

营养功效: 加了鸡蛋的疙瘩汤口感软滑，和高蛋白、低脂肪的香菇一起食用，味道更鲜美。香菇疙瘩汤可以强身健体、促进胎宝宝发育，是孕妈妈不错的营养加餐。

奶油葵花子粥

63 千卡 

钙

原料: 南瓜 50 克，熟葵花子 30 克，大米 100 克，奶油适量。

做法: ❶ 南瓜洗净，切小块；大米洗净，浸泡 30 分钟。❷ 锅置火上，放入大米、南瓜块和适量水，大火烧沸后，改小火熬煮。❸ 待粥快煮熟时，放入熟葵花子、奶油，搅拌均匀即可。

营养功效: 葵花子中含有丰富的不饱和脂肪酸，孕妈妈常吃有利于胎宝宝大脑的发育；奶油中富含维生素 A 和维生素 D，如果孕妈妈怕长胖，可每次少放一些。

什锦果汁饭

119 千卡 

钙

原料: 大米 50 克，鲜牛奶 250 毫升，苹果丁、菠萝丁、蜜枣丁、葡萄干、青梅丁、碎核桃仁各 25 克，番茄酱、淀粉各适量。

做法: ❶ 将大米淘洗干净，加入鲜牛奶、水，放入电饭锅中制成饭。❷ 将番茄酱、苹果丁、菠萝丁、蜜枣丁、葡萄干、青梅丁、碎核桃仁放入锅内，加水烧沸，用淀粉勾芡，制成什锦沙拉酱，浇在米饭上即成。

营养功效: 什锦果汁饭食材丰富，营养全面，能满足胎宝宝对多种营养素的需求。香甜的口感，可以增强孕妈妈的食欲。

番茄疙瘩汤

 85 千卡  蛋白质 维生素C 叶酸

原料：番茄 100 克，鸡蛋 1 个，面粉 50 克，盐适量。

做法：❶ 一边往面粉中加水，一边用筷子搅拌成絮状，静置 10 分钟；鸡蛋打入碗中，搅拌均匀；番茄洗净，切小块。❷ 油锅烧热，将番茄块倒入，炒出汤汁，加 2 碗水煮开。❸ 再将面疙瘩倒入番茄汤中煮 3 分钟后，淋入蛋液，最后加盐调味即可。

营养功效：番茄疙瘩汤是一道营养美味的低油脂菜品，其中番茄富含维生素和叶酸，鸡蛋中蛋白质、钙的含量十分丰富，能为胎宝宝的生长提供动力。

奶酪手卷

 83 千卡     维生素C 钙 碘

原料：米饭 100 克，番茄 50 克，紫菜和奶酪各 1 片，生菜、沙拉酱适量。

做法：❶ 生菜洗净；番茄洗净切片。❷ 紫菜剪成较宽的长条，铺平后将米饭、奶酪、生菜、番茄片铺上，最后淋上沙拉酱并卷起，依此方法做好其他的即可。

营养功效：奶酪手卷既能补钙，还能缓解孕早期的呕吐症状。生菜和番茄都是热量不高的食物，对于超重的孕妈妈来说，可以适当食用来控制体重。

玉米牛蒡排骨汤

 134 千卡   蛋白质 维生素E 胡萝卜素

原料：玉米 2 小段，排骨 100 克，牛蒡、胡萝卜各半根，盐适量。

做法：❶ 排骨洗净，斩段，焯烫去血沫，用清水冲洗干净。❷ 胡萝卜洗净，去皮，切块；牛蒡去掉表面的黑色外皮，切成小段。❸ 把排骨、牛蒡段、胡萝卜块、玉米段放入锅中，加适量清水，大火煮开，转小火再炖至排骨熟透，出锅时加盐调味即可。

营养功效：牛蒡含有一种非常特殊的营养成分牛蒡苷，有强壮筋骨、增强体力、养生保健的功效。孕妈妈食用后，也可促进胃肠蠕动，帮助排便，缓解便秘。

肉蛋羹

65 千卡   蛋白质 卵磷脂 铁 锌

原料： 猪里脊肉 60 克，鸡蛋 1 个，香菜叶、盐、香油各适量。

做法： ❶ 猪里脊肉洗净，剁成肉泥。❷ 鸡蛋打入碗中，加入和鸡蛋液一样多的凉开水，加入肉泥、盐，朝一个方向搅匀，上锅蒸 15 分钟。❸ 出锅后，淋上香油，撒上香菜叶即可。

营养功效： 肉类和鸡蛋都富含锌，且肉蛋羹有利于消化吸收，孕妈妈常吃，可以促进胎宝宝生长和智力发育。

口蘑炒豌豆

85 千卡  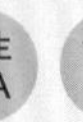   蛋白质 维生素A 胡萝卜素 钾

原料： 口蘑 15 朵，豌豆 100 克，高汤、盐、水淀粉各适量。

做法： ❶ 口蘑洗净，切成小丁；豌豆洗净。❷ 油锅烧热，放入口蘑丁和豌豆翻炒，加适量高汤煮熟，用水淀粉勾薄芡，最后加盐调味即可。

营养功效： 口蘑炒豌豆富含蛋白质、脂肪、碳水化合物、多种氨基酸和多种微量元素及维生素，经常食用适合胎宝宝此阶段大脑的发育，也可以增强孕妈妈的免疫功能。

芥菜干贝汤

50 千卡   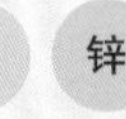 蛋白质 钙 磷 锌

原料： 芥菜 250 克，干贝、鸡汤、香油、盐各适量。

做法： ❶ 将芥菜洗净，切段。❷ 干贝用温水浸泡 2 小时，洗净备用。❸ 锅中加鸡汤、芥菜段、干贝，煮熟后加香油、盐调味即可。

营养功效： 干贝含有多种人体必需的营养素，如蛋白质、钙、锌等，具有滋阴补肾、和胃调中的功效，对脾胃虚弱的孕妈妈有很好的食疗作用，同时不会给孕妈妈增加太多热量。

孕 3 月是胎宝宝各项器官分裂形成的关键时期，孕妈妈要及时补充所需的营养素，但也要避免大吃大喝，让自己在保证营养的同时体重不会增加太多。

增重对比

胎宝宝大约有 2 颗草莓重了

孕妈妈却像在肚子里装了 1 个哈密瓜

孕 3 月 长胎不长肉饮食方案

孕 3 月，很多孕妈妈在孕 2 月出现的乏力、身体不适、恶心呕吐等情况在本月仍将继续，不过即便早孕反应比较厉害，孕妈妈也应适当、均衡补充营养，因为胎宝宝仍然在不断地发育着。

1 早餐吃好，晚餐不过饱

经过一夜的睡眠，孕妈妈体内的营养已消耗殆尽，血糖浓度处于偏低状态，所以这时的早餐要比平常更丰富、更重要，不要破坏基本饮食模式。而晚饭既是对下午劳动消耗的补充，又是对夜间营养需求的供应。如果晚饭吃得太多，会增加孕妈妈肠胃的负担。所以，孕妈妈晚餐不过饱既有利于身体健康，又便于控制自身的体重。

2 宜吃新鲜天然的酸味食物

不少孕妈妈在孕早期嗜好酸味食物，这是正常现象。酸味食物大约分为三类，第一类：如泡菜、酸素等；第二类：人工酸味剂制作的糖果和饮料；第三类：天然水果如柠檬、橙子等。在这三类食物中，应选用天然酸味的水果蔬菜，营养丰富，尽量不食用前两类，这样既利于身体健康，又不用担心因食用大量糖果和饮料而变得肥胖。

孕 3 月热量摄入计划

孕 3 月，孕妈妈的早孕反应仍然严重，体重仍处于负增长状态。孕妈妈不必盲目追求恢复体重，每天均衡饮食，保证摄取热量 1 800~1 900 千卡，以满足自己和胎宝宝日常活动及发育所需即可。

400 千卡 早餐 + **150 千卡** 加餐 + **500 千卡** 午餐 +

海藻绿豆粥 49 千卡

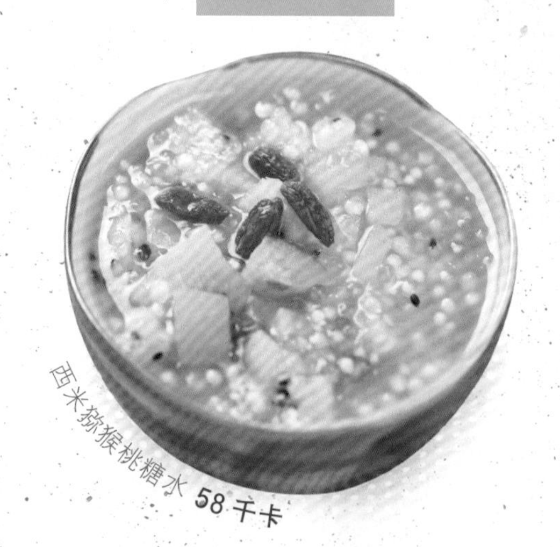
西米猕猴桃糖水 58 千卡

3 宜吃些粗粮

孕妈妈饮食宜粗细搭配，粗粮主要包括谷类中的玉米、紫米、高粱，以及豆类中的黄豆、红豆、绿豆等。由于加工简单，粗粮中保留了很多细粮中没有的营养。粗粮中含有比细粮更多的蛋白质、脂肪、维生素、矿物质及膳食纤维，对孕妈妈和胎宝宝来说非常有益。

4 避免吃高脂肪、油腻食物

引起肠胃不适的最常见原因是消化不良，孕妈妈只要减少高脂肪、油腻食物的摄取，避免辛辣食物和含有咖啡因的饮料，增加高膳食纤维食物的摄取，如玉米、糙米、燕麦、荞麦等，同时，吃容易消化的禽类或者鱼肉，多吃蔬菜、水果，便可以减轻消化不良引起的便秘问题。

孕 3 月 体重计划

孕 3 月体重增长不宜超过 0.4 千克，如果体重减轻要分析原因，看是不是早孕反应所致，如果不是，可适当增加饮食。

- 体重正常的孕妈妈不必过于限制脂肪摄入，但要保证脂类食物品种多样化。
- 早餐可以用包子、鸡蛋饼代替油条，健康、营养不增重。
- 不同食物的热量不一样，在保证营养均衡的前提下，选择能更好控制体重的食物，以保持体重合理增加。
- 适当做一些轻柔的瑜伽动作有利于控制体重。
- 可以请准爸爸帮忙监督体重计划的执行。
- 坚持工作的孕妈妈，在上下班的过程中及工作中来回走动也是运动。
- 本月如果体重有轻微下降是很常见的，孕妈妈不用担心。
- 分析孕 2 月的体重记录，如果体重增加超过 0.4 千克，就要在保证其他营养素的同时，减少摄入热量高的食物。

孕 3 月的营养素需求

这个月胎宝宝的内脏器官逐渐成形，神经管开始连接大脑和脊髓，此时，孕妈妈可适当补充些利于胎宝宝大脑发育的营养素。

促进胎宝宝的大脑发育

促进胎宝宝大脑中枢神经和视网膜发育

为人体提供能量

150 千卡 加餐 + 600 千卡 晚餐 = 1800 千卡

孕妈妈要多储备一些优质的营养物质

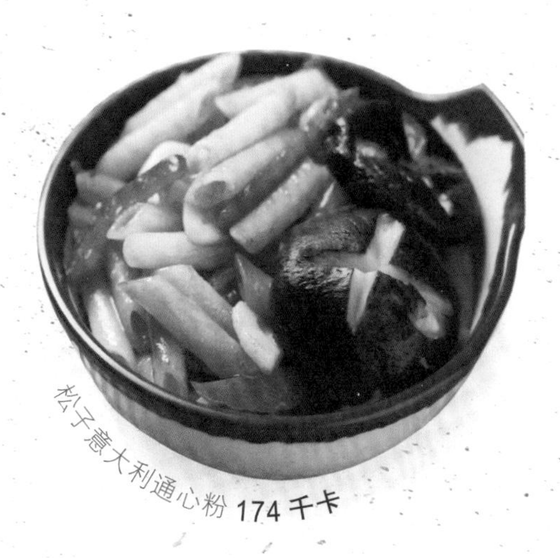
松子意大利通心粉 174 千卡

尽量选择不同的食材和烹调方法来烹饪食物，既有助于增强食欲，还有利于孕妈妈吸收全面丰富的营养素。

吃不胖的 6 种食物

到了孕 3 月，是胎宝宝各项器官分裂形成的关键时期，此时细胞发育非常活跃，需要大量的营养素，孕妈妈要注意均衡饮食，以下 6 种食材，可以让孕妈妈在保证营养的同时体重也不会增加过快。

虾 48 千卡

虾有极高的营养价值，可制作多种佳肴，有菜中“甘草”的美称。且吃虾可促进胎宝宝脑部和骨骼的发育，既给胎宝宝补充了营养，又不会让孕妈妈长胖，但是对海鲜过敏的孕妈妈要慎食。

主打营养素

- 蛋白质 • 钾 • 磷

推荐食谱

- 明虾炖豆腐（见 P53）

虾的肉质松软，易被消化吸收

孕妈妈常食香菇油菜可强身健体

猕猴桃 58 千卡

猕猴桃中所含的膳食纤维、维生素 C、钙等都是孕期所必需的营养成分，其中丰富的维生素 C 可以促进孕妈妈对铁的吸收，对预防缺铁性贫血有益。而且，猕猴桃属于富含膳食纤维的低热量、低脂肪的水果，有适当控制体重的作用。

主打营养素

- 胡萝卜素 • 维生素 A
- 钙 • 磷 • 钾

推荐食谱

- 西米猕猴桃糖水（见 P58）

猕猴桃含有丰富的矿物质

豆腐 81 千卡

豆腐绵软适口，素有“植物肉”的美称，孕妈妈适当吃些可增加营养，补充体力。除此之外，豆腐还有增强食欲的作用，凉拌或炒食均可。

主打营养素

- 植物蛋白质 • 钙 • 磷 • 钾 • 镁

推荐食谱

- 海参豆腐汤（见 P52）

豆腐富含植物蛋白质，益于胎宝宝发育

草莓 31 千卡

草莓含有丰富的维生素 C，孕妈妈吃草莓可以防止牙龈出血，其中含有的果胶和丰富的膳食纤维，可以帮助消化，通畅大便。而且草莓的热量较低，孕妈妈不用担心会长胖。

主打营养素

• 蛋白质 • 维生素 C • 胡萝卜素 • 磷 • 钾

推荐食谱

• 水果拌酸奶（见 P54）

草莓可以帮助孕妈妈消化

鲈鱼 105 千卡

鲈鱼富含易消化吸收的优质蛋白质、不饱和脂肪及多种微量元素，营养丰富，且不易导致长胖，同时还有健脾胃、补肝肾、止咳化痰的作用。鲈鱼中还含有较多的维生素 D，能够为孕妈妈辅助补钙，预防骨质疏松，促进胎宝宝骨骼发育。

主打营养素

• 蛋白质 • 胆固醇 • 磷 • 钾 • 维生素 D

推荐食谱

• 清蒸鲈鱼（见 P61）

鲈鱼是健脾胃、补肝肾的佳品

油菜 12 千卡

油菜有降血脂、防癌抗癌、促进血液循环的功效。油菜含丰富的叶酸，是孕早期补充叶酸的好食材。

主打营养素

• 胡萝卜素 • 维生素 C • 钙 • 钾

推荐食谱

• 香菇油菜（见 P52）• 猪肝油菜粥（见 P52）

油菜有活血化瘀、解毒消肿的作用

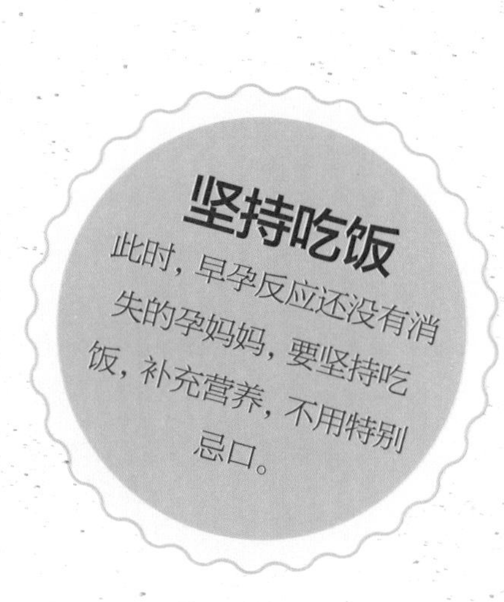

坚持吃饭

此时，早孕反应还没有消失的孕妈妈，要坚持吃饭，补充营养，不用特别忌口。

孕 3 月 营养又不胖的食谱

海参豆腐汤

原料：海参 2 只，豆腐 150 克，鸡肉丸、胡萝卜片、黄瓜片、姜片、盐、酱油、料酒各适量。

做法：❶ 剖开海参，洗净，沸水中加料酒和姜片汆海参，去腥，冲凉后切段；豆腐切块，备用。❷ 海参放锅内加清水，放入姜片、盐、酱油煮沸，加入肉丸和豆腐块、胡萝卜片、黄瓜片煮熟即可。

营养功效：海参富含蛋白质、钙、铁、磷、碘，有很好的养胎作用；豆腐有清热润燥、清洁肠胃、帮助消化、增强食欲的作用。

香菇油菜

42
千卡

原料：干香菇 6 朵，油菜 250 克，盐适量。

做法：❶ 油菜洗净，切段，梗、叶分开放置。❷ 干香菇用温开水泡开，洗净后去蒂。❸ 油锅烧热，放香菇和泡香菇的水炒至香菇将熟。❹ 放入油菜梗炒软，再放入油菜叶、盐炒熟即可。

营养功效：油菜富含钙、铁等微量元素，可减轻孕妈妈腿部抽筋、头晕失眠的症状；香菇有降血压、降血脂、提高机体免疫的功能。

猪肝油菜粥

79
千卡

原料：熟猪肝 50 克，油菜、大米各 50 克，香油、盐、姜末各适量。

做法：❶ 大米洗净，清水浸泡 30 分钟；熟猪肝切片；油菜洗净，切段。❷ 锅内加清水，放大米煮至米烂，放油菜段、猪肝片同煮，煮软烂后关火。❸ 加盐、香油调味，撒姜末即可。

营养功效：猪肝补血、补气健脾，有很好的保健作用；油菜能促进肠胃蠕动、降低血清胆固醇与猪肝荤素搭配，有利于孕妈妈控制体重。

明虾炖豆腐

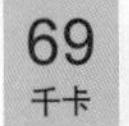
69 千卡

膳食纤维

蛋白质

维生素 C

原料：虾、豆腐各 100 克，姜片、盐各适量。

做法：❶ 虾去壳、去头、去虾线，洗净；豆腐冲洗，切块。❷ 锅中加水烧沸，放入虾、豆腐块、姜片，大火煮开，去浮沫，转小火继续炖煮。❸ 食材熟透后加盐调味即可。

营养功效：明虾炖豆腐是动物蛋白质和植物蛋白质的结合，营养价值高但脂肪低，是孕妈妈想要长胎不长肉的好菜品。

松子意大利通心粉

174 千卡

膳食纤维

胡萝卜素

铁

原料：意大利通心粉 150 克，松子 40 克，香菇 2 朵，红甜椒、蒜瓣、盐各适量。

做法：❶ 意大利通心粉煮至八成熟捞出；红甜椒洗净切丝；蒜瓣切片；香菇切花刀。❷ 油锅烧热，加入松子，炒至颜色微黄时，加入蒜片、香菇和红甜椒丝，炒至香菇变软。❸ 加入煮好的意大利通心粉，拌炒均匀，加入适量盐即可。

营养功效：松子中含有胎宝宝大脑细胞发育所必需的脂肪酸，可补充"脑黄金"；意大利通心粉可以改善孕妈妈贫血症状，增强免疫力，并且食用后，不用担心体重飙升。

山药黑芝麻糊

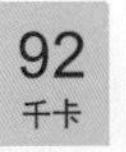
92 千卡

蛋白质

维生素 A
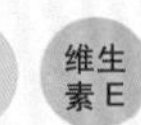
维生素 E

原料：山药 60 克，黑芝麻 50 克，白糖适量。

做法：❶ 黑芝麻洗净，小火炒香，研成细粉。❷ 山药放入干锅中烘干，打成细粉。❸ 锅内加适量清水，烧沸后将黑芝麻粉和山药粉放入锅内，同时放入白糖，不断搅拌，煮 5 分钟即可。

营养功效：山药黑芝麻糊富含维生素 E、碳水化合物，美味又营养，有助于促进胎宝宝的健康发育。山药是高营养、低热量的食材，孕妈妈食用后会产生饱腹感，利于控制体重。

三文鱼粥

107 千卡 

原料：三文鱼、大米各50克，盐适量。

做法：❶三文鱼洗净，剁成鱼泥；大米洗净，浸泡30分钟。❷锅置火上，放入大米和适量清水，大火烧沸后改小火，熬煮成粥。❸待粥煮熟时，放入鱼泥，略煮片刻，加盐调味即可。

营养功效：三文鱼含有丰富的不饱和脂肪酸和维生素D，对胎宝宝大脑的发育极有好处。三文鱼还可以帮助孕妈妈消水肿、促进消化。

养胃粥

69 千卡 

原料：大米50克，红枣4颗，莲子20克。

做法：❶莲子用温水泡软、去心；大米淘洗干净；红枣洗净。❷三者同入锅内，加清水适量，大火煮开后，小火熬煮成粥。❸依个人口味可用盐或者蜂蜜调味，早晚食用。

营养功效：养胃粥能够帮孕妈妈补充所需的碳水化合物，养胃健脾，适合孕吐反应严重的孕妈妈。若在晚上食用还有利于控制体重。

水果拌酸奶

59 千卡 

原料：酸奶125毫升，香蕉、草莓、苹果、梨各适量。

做法：❶香蕉去皮；草莓洗净、去蒂；苹果、梨洗净，去核；将所有水果切成1厘米见方的小块。❷将所有水果盛入碗内再倒入酸奶，以没过水果为好，拌匀即可。

营养功效：水果拌酸奶酸甜可口，清爽宜人，能增强消化能力，提高食欲，非常适合胃口不佳的孕妈妈食用，也可以作为午后加餐，营养不增重。

肉末炒芹菜

87 千卡 

原料：猪瘦肉 150 克，芹菜 200 克，酱油、料酒、葱花、姜末、盐各适量。

做法：❶ 猪瘦肉洗净，切成末，然后用酱油、料酒调汁腌制；芹菜择洗干净，切丁。❷ 油锅烧热，先下葱花、姜末煸炒，再下猪瘦肉末大火快炒，放芹菜丁炒至熟时，烹入酱油和料酒，最后加盐调味即可。

营养功效：芹菜有安定情绪、消除烦恼的功效，还可以增强孕妈妈食欲。芹菜富含膳食纤维，可促进肠道蠕动，利于孕妈妈排便。

豆苗鸡肝汤

84 千卡 

原料：豆苗 30 克，鸡肝 100 克，姜末、料酒、盐、香油、鸡汤各适量。

做法：❶ 将鸡肝洗净，切片，用料酒腌制，入开水汆烫，捞出沥干。❷ 豆苗择洗干净。❸ 锅置火上，倒入鸡汤，烧开时放入鸡肝片、豆苗、姜末，加入料酒、盐烧沸，淋上香油即可。

营养功效：鸡肝中的维生素 A 有助于胎宝宝骨骼和眼皮的发育；豆苗含 B 族维生素、维生素 C 和胡萝卜素，有利尿消肿、助消化的作用，适合想要控制体重的孕妈妈食用。

银耳拌豆芽

75 千卡 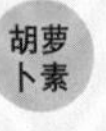

原料：绿豆芽 100 克，银耳、青椒各 50 克，香油、盐各适量。

做法：❶ 绿豆芽去根，洗净，沥干；银耳用水泡发，洗净；青椒洗净，切丝。❷ 锅中加水烧开，将绿豆芽和青椒丝焯熟，捞出晾凉。❸ 将银耳放入开水中焯熟，捞出过凉水，沥干。❹ 将绿豆芽、青椒丝、银耳放入盘中，放入香油、盐，搅拌均匀即可。

营养功效：银耳拌豆芽含有丰富的维生素 C 和胡萝卜素，有利于减轻孕吐反应。此菜热量较低，对孕妈妈控制体重有好处。

青椒炒鸭血

71 千卡  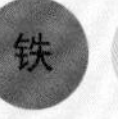 

蛋白质 铁 磷

原料： 鸭血 100 克，青椒 150 克，蒜、料酒、酱油、盐各适量。

做法： ❶ 鸭血和青椒洗净，切小块；蒜切末；鸭血在开水中汆一下去腥。❷ 油锅烧热，倒入青椒块和蒜末；翻炒几下后倒入鸭血块，翻炒 2 分钟。❸ 最后加入适量料酒、酱油、盐即可。

营养功效： 鸭血含铁量高，营养丰富，有补血、保肝护肝、清除体内毒素、滋补养颜的功效。

番茄炖牛肉

118 千卡   

蛋白质 钙 钠 磷

原料： 牛肉 250 克，番茄 200 克，虾仁 50 克，葱段、姜末、白糖、盐、高汤各适量。

做法： ❶ 牛肉洗净，切成块，入沸水中去血沫。❷ 番茄剥去皮，切成小块。❸ 油锅烧热，先将姜末、葱段炒香，再放入牛肉块翻炒，然后放入虾仁和番茄块炒匀，加高汤、盐、白糖炒匀，炖1小时，至肉烂汁浓时即可。

营养功效： 孕妈妈常吃牛肉可以滋养脾胃、提高机体免疫力，维持免疫系统健康；番茄清热解毒、利尿通便，是孕妈妈想要控制体重的好选择。

海藻绿豆粥

49 千卡  

蛋白质 维生素B_{12}

原料： 大米 50 克，糯米 40 克，绿豆 30 克，海藻芽 10 克。

做法： ❶ 大米、糯米和绿豆一起用清水淘洗干净；海藻芽用清水浸泡 15 分钟，洗去表面浮盐后切碎。❷ 锅中加入大米、糯米、绿豆和适量清水，用大火煮开，转小火慢煮。❸ 煮至糯米和绿豆熟软，加入海藻芽，再煮 5 分钟即可。

营养功效： 素食孕妈妈易因缺乏维生素 B_{12} 而导致贫血，而常食海藻就能很好地解决这一问题。海藻绿豆粥清热解毒、利尿消肿，对孕妈妈控制体重有好处。

西米火龙果

原料: 西米 50 克，火龙果 1 个，冰糖适量。

做法: ❶ 将西米用开水泡透蒸熟，火龙果对半剖开，挖出果肉切成小粒。❷ 锅中注入清水，加入冰糖、西米、火龙果粒一起煮开，盛入火龙果外壳内即可。

营养功效: 西米可以健脾、补肺、化痰；火龙果有解重金属中毒、抗氧化、抗自由基、抗衰老的作用，还能降低孕期抑郁症的发生概率。西米火龙果作为孕妈妈的加餐，营养不增重。

虾皮豆腐汤

原料: 豆腐 100 克，虾皮 10 克，盐、白糖、姜末、淀粉各适量。

做法: ❶ 豆腐切丁，入沸水焯烫；虾皮洗净。❷ 油锅烧热，放入姜末、虾皮爆出香味。❸ 倒入豆腐丁，加白糖、盐、适量水后烧沸，最后用淀粉勾芡即可。

营养功效: 虾皮豆腐汤，味道鲜美、营养丰富。豆腐和虾皮的含钙量高，且营养丰富，是孕妈妈孕期的必吃食物，滋补不增重。

莲藕橙汁

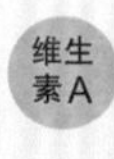

原料: 莲藕 100 克，橙子 1 个。

做法: ❶ 莲藕洗净后削皮，切块；橙子切开，去皮后剥成瓣，去子。❷ 将莲藕块、橙子瓣放入榨汁机中，加适量温开水，榨汁即可。

营养功效: 莲藕橙汁营养健康，不会使孕妈妈增重。其中莲藕含有丰富的维生素、矿物质和膳食纤维，尤其是维生素 C 的含量特别高，可以帮助孕妈妈预防感冒；橙子中的柠檬酸、苹果酸，可以改善孕妈妈孕吐症状。

南瓜饼

原料: 南瓜 200 克，糯米粉 400 克，白糖、豆沙馅各适量。

做法: ❶ 南瓜去子，洗净，切块，包上保鲜膜，用微波炉加热 10 分钟。❷ 挖出南瓜肉，加糯米粉、白糖，和成面团。❸ 将南瓜面团搓压成小圆球，包入豆沙馅压成饼坯，上锅蒸熟即可。

营养功效: 南瓜营养丰富，其中维生素 E 含量较高，有利于安胎，还有润肺益气、解毒止呕、缓解便秘的作用，有益于孕妈妈和胎宝宝的身体健康。

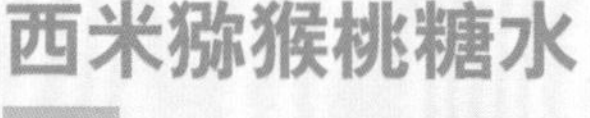

西米猕猴桃糖水

原料: 西米 100 克，猕猴桃 2 个，枸杞子、白糖各适量。

做法: ❶ 西米洗净，用清水泡 2 小时。❷ 将猕猴桃去皮切成块；枸杞子洗净。❸ 锅里放适量水烧开，放西米煮 10 分钟，加猕猴桃块、枸杞子、白糖，用小火煮熟透即可。

营养功效: 西米猕猴桃糖水香甜可口，在为孕妈妈补充能量和维生素的同时，可以改善孕妈妈食欲，是孕 3 月中一道很不错的营养加餐。

虾酱蒸鸡翅

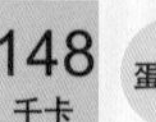

原料: 鸡翅中 6 只，虾酱、葱段、姜片、酱油、料酒、盐、白糖各适量。

做法: ❶ 洗净鸡翅中，在表面划几刀，用酱油、料酒和盐腌制 15 分钟。❷ 将腌好的鸡翅中放入一个较深的容器中，加入虾酱、姜片、白糖和盐拌匀，盖上盖。❸ 将鸡翅中用大火蒸 8 分钟，取出加入葱段，再用大火蒸 2 分钟。

营养功效: 鸡翅可为胎宝宝发育提供多种营养素，而且甜鲜的口味能促进孕妈妈的食欲，有助于偏瘦的孕妈妈稳定增重。

香菇鸡汤

78 千卡 膳食纤维 蛋白质 维生素 C

原料： 鸡腿 1 只，香菇 2 朵，红枣、姜片、盐各适量。

做法： ❶ 将香菇洗净后切花刀；红枣洗净；鸡腿洗净，剁成小块，与姜片一起放入砂锅中，加适量清水烧开。❷ 将香菇、红枣放入砂锅中，用小火煮。❸ 待鸡肉熟烂后，放入盐调味即可。

营养功效： 鸡腿肉中蛋白质、矿物质含量丰富，可使孕妈妈身体更强壮。孕妈妈吃鸡肉之前去掉鸡皮，可以减少油脂摄入，避免发胖。

红烧鲤鱼

155 千卡 蛋白质 膳食纤维 胡萝卜素 铁

原料： 鲤鱼 500 克，盐、料酒、酱油、葱段、姜片、葱花、白糖各适量。

做法： ❶ 鲤鱼处理干净，切块，放盐、料酒、酱油腌制。❷ 油锅烧热，将鲤鱼块逐一放入油锅，炸至棕黄色起壳时捞出。❸ 另起油锅，爆香葱段、姜片，倒入炸好的鲤鱼块，加水漫过鱼面，再加酱油、白糖、料酒，大火煮沸后改小火煮，使鱼入味，最后撒入葱花即可。

营养功效： 鲤鱼蛋白质含量高，且易被机体消化吸收，适合孕妈妈补充体力食用，也可以促进胎宝宝的发育。

橙香鱼排

135 千卡 蛋白质 维生素A 维生素 C

原料： 鲷鱼 1 条，橙子 1 个，红甜椒丁、冬笋丁、盐、料酒、水淀粉各适量。

做法： ❶ 将鲷鱼收拾干净，切大块，加盐、料酒腌 10 分钟；橙子取果肉，切块。❷ 油锅烧热，鲷鱼块裹适量淀粉，入锅炸至金黄色，盛盘。❸ 锅中放水烧开，放入橙肉块、红甜椒丁、冬笋丁，加盐调味，最后用水淀粉勾芡，浇在鲷鱼块上即可。

营养功效： 鲷鱼蛋白质含量高，橙子富含维生素 C，二者搭配能提高胎宝宝的免疫力。孕妈妈食用既滋补身体又不需要担心体重飙升。

香蕉鸡蛋卷饼

125 千卡

原料：香蕉1根，核桃仁30克，鸡蛋、番茄酱、香菜叶各适量。

做法：❶ 香蕉去皮，切两段，再竖着从中间切开，将核桃仁摆在切面上。❷ 平底锅加热，滴油，用刷子将油涂满平底锅。❸ 鸡蛋打散，待油五成热时倒入蛋液，稍凝固后，将香蕉放在鸡蛋饼上；用鸡蛋饼卷起香蕉，装盘，淋上番茄酱，用香菜叶点缀即可。

营养功效：香蕉鸡蛋卷饼可口美味，含有丰富的动植物蛋白，可为孕妈妈补充足够的营养，作为加餐，还可以给孕妈妈带来好心情。

红烧带鱼

175 千卡

原料：带鱼1条，青椒、红甜椒各50克，姜片、蒜瓣、醋、酱油、料酒、盐、淀粉、白糖各适量。

做法：❶ 青椒、红甜椒洗净切片；带鱼洗净后去头尾剪成段，裹上淀粉。❷ 油锅烧热，放带鱼段煎至两面金黄。❸ 锅内留底油，放姜片、蒜瓣煸香，再放带鱼段、青椒片、红甜椒片，然后加入醋、酱油、盐、料酒、白糖和2杯水，大火收汁即可。

营养功效：带鱼富含蛋白质、维生素A、不饱和脂肪酸，能有效提供孕早期胚胎分裂发育所需营养。

牛奶浸白菜

59 千卡

原料：牛奶250毫升，白菜心300克，奶油20克，盐、香油各适量。

做法：❶ 将白菜心洗净，在锅内烧开清水，滴入少许香油，放入白菜心，将其焯至软熟，捞出沥干备用。❷ 把牛奶倒进有底油的锅内，加入盐，烧开后放进沥干水的熟白菜心，略浸后加入奶油即可。

营养功效：牛奶浸白菜味道鲜美，口味清淡，营养易吸收，适合因孕吐反应而没有胃口的孕妈妈食用。

银耳核桃糖水

54 千卡

胡萝卜素

维生素E

钾

磷

原料： 核桃仁 30 克，枸杞子、银耳各 10 克，冰糖适量。

做法： ❶ 将枸杞子、核桃仁洗净；银耳用温水泡软，去蒂，切小片。❷ 银耳放入锅中，加适量水烧开，改用小火煲 30 分钟。❸ 加入核桃仁、枸杞子、冰糖再煲 10 分钟即可。

营养功效： 核桃富含 α - 亚麻酸，可补脑、润肺；枸杞子能补肝肾、养肝明目；银耳滋阴润肺，三种食材的搭配可全面补充孕早期孕妈妈所需的营养。

番茄炖豆腐

62 千卡

蛋白质

维生素C

原料： 番茄 2 个，豆腐 150 克，葱花、盐各适量。

做法： ❶ 番茄洗净切碎，豆腐洗净切长条。❷ 锅底放少许油，下番茄翻炒，中火煸炒至番茄成汤汁状，下入豆腐条，适量添水、盐，大火烧开后改中小火慢炖，10 分钟左右收汁，撒上葱花即可。

营养功效： 番茄炖豆腐能帮助孕妈妈补充钙和维生素 C。番茄酸甜可口，可提高孕妈妈食欲；豆腐富含 B 族维生素，可以促进孕妈妈身体代谢。

清蒸鲈鱼

118 千卡

蛋白质

钙

磷
铜

原料： 鲈鱼 1 条，姜丝、葱丝、盐、料酒、蒸鱼豉油、香菜叶各适量。

做法： ❶ 将鲈鱼去鳞、鳃、内脏，洗净，两面划几刀，抹匀盐和料酒后放盘中腌 5 分钟。❷ 将葱丝、姜丝铺在鲈鱼身上，上蒸锅蒸 15 分钟，淋上蒸鱼豉油，撒上香菜叶即可。

营养功效： 鲈鱼肉质白嫩，常食可滋补健身，提高孕妈妈免疫力，而且以清蒸的烹调方式，可以减少孕妈妈摄入的热量。

孕 4 月

进入了相对舒适的孕中期，孕妈妈身上出现的早孕反应也正在一点点消退，胃口越来越好，体重就容易迅速增长，因此孕妈妈一定要管住嘴、迈开腿，保持体重稳定增加。

增重对比

胎宝宝还只有 2 个鸡蛋那么重

大部分孕妈妈体重已经增长约 3 千克了

孕 4 月 长胎不长肉饮食方案

本月就进入孕中期了，随着早孕反应的减轻，孕妈妈的胃口有所好转，但切忌暴饮暴食。同时，孕妈妈应注意增加蛋白质和维生素的摄入量，并保证米和面等主食的摄入，以满足胎宝宝生长发育所需。

1 每天要多摄入 300 千卡热量

在本月，孕妈妈可以每天增加 300 千卡的热量，大约是一杯低脂牛奶、一份主食、一份水果、三四块全麦饼干。孕妈妈也可将增加的热量当成餐间点心，以少量多餐的方式摄取，这样既保证了胎宝宝日益增长的需求，也可以维持孕妈妈正常的基础代谢，还不用担心会长胖。

2 主食摄入要充足

很多孕妈妈认为多吃主食容易发胖，实际上，主食是不可缺少的。主食为身体提供能量，其主要的营养成分为碳水化合物，在机体内代谢产生葡萄糖，而胎宝宝的主要能量物质就来源于葡萄糖。所以孕妈妈每天的主食量不宜低于 130 克，这些摄入主食所产生的热量会通过胎宝宝的发育、孕妈妈日常活动代谢掉，孕妈妈也别再因为怕胖而不吃主食了。

孕 4 月热量摄入计划

孕 4 月，胎宝宝在迅速发育，孕妈妈的子宫、乳房也明显增大，所以身体对热量、蛋白质、脂肪、钙、铁等的需要也在增加。本月，孕妈妈每天需要摄取 2 100~2 200 千卡热量。

450 千卡 早餐 + **150 千卡** 加餐 + **700 千卡** 午餐 +

荸荠银耳汤 36 千卡

什锦面 95 千卡

3 全面摄取营养

孕 4 月，孕妈妈的孕吐症状减轻，可更全面、更充足地摄取各种营养，本月尤其是要增加钙、胡萝卜素、维生素 D 的摄入量。不过，再好吃、再有营养的食物都不要一次吃得过多、过饱，以免造成胃胀或其他不适。

4 不宜过量吃水果

不少孕妈妈喜欢吃水果，甚至还把水果当蔬菜吃。有的孕妈妈为了生个健康、漂亮的宝宝，就在产前拼命吃水果，认为这样既可以充分地补充维生素，又可以使将来出生的宝宝皮肤好，其实这种观点是片面的、不科学的。因为水果中大部分含糖量很高，过多食用易引发孕妈妈肥胖或血糖过高等问题。

孕 4 月 体重计划

孕 4 月，孕妈妈每周体重不宜超过 300 克，而此时的胎宝宝已经初具人形，体重约 25 克。胎宝宝成长需要的热量在增加，所以孕妈妈在保证主食摄入的同时，也要时刻注意控制体重。

- 可以每天散步 30 分钟左右，注意散步时要避开车辆、行人以及玩耍的儿童。
- 可以根据自己的体能安排游泳时间，通常保持每周一两次，每次 20 分钟即可。
- 可以根据自己的身体条件有选择地尝试孕期体操。
- 尽量少吃零食和夜宵。
- 避免吃太辣或刺激的食物，以防引发便秘，增加瘦身难度。
- 避免过多摄入高糖分食物。
- 加餐可以选择水果等健康食物，利于控制体重。
- 分析孕 3 月的体重记录，如果体重增加超过 600 克，就要适当减少高热量食物及零食的摄入。

孕 4 月的营养素需求

这个月胎宝宝的头渐渐伸直，胎毛、头发、乳牙也迅速增长，大脑明显地分成了 6 个区，皮肤逐渐变厚而不再透明。

镁 对胎宝宝肌肉健康很重要

维生素 A 有利于胎宝宝骨骼、牙齿、毛发健康生长

150 千卡 加餐 + 650 千卡 晚餐 = 2 100 千卡

可吃小米、玉米、红薯等粗粮，补充热量的同时，还能预防便秘

香菇炖鸡 89 千卡

本月，孕妈妈可以多食用些能通便润肠的食物，如燕麦、蜂蜜及富含膳食纤维的蔬菜、水果。

吃不胖的 6 种食物

到了孕 4 月，随着孕妈妈食量的增长，体内的脂肪也会跟着增长，所以很容易出现体重增长过快的情况，以下 6 种营养不易增重的食物，使孕妈妈在控制体重的同时，还能保证优质蛋白质、钙、磷、钾等营养素的摄入。

莲藕 76 千卡

莲藕含丰富的维生素 C 及矿物质，有促进新陈代谢、防止皮肤粗糙的效果。另外莲藕含铁量较高，有助于预防孕期缺铁性贫血。因为其含糖量不是很高，又含有大量的维生素 C 和膳食纤维，可减少脂类的吸收，有助于瘦孕。

主打营养素

• 蛋白质 • 维生素 C • 钠 • 钾

推荐食谱

• 牛腩炖藕（见 P71）

莲藕口感甜脆，可滋阴养血

鲜奶炖木瓜雪梨既能提高免疫力又能美容养颜

芹菜 18 千卡

芹菜味甘，具有镇静安神、健脾养胃、润肺止咳的功效，因含铁量较高，所以可预防孕妈妈缺铁性贫血。同时，芹菜富含膳食纤维，对改善孕期便秘十分有效，孕妈妈吃些不用担心会长胖。

主打营养素

• 胡萝卜素 • 维生素 A • 钙 • 钾

推荐食谱

• 香油芹菜（见 P68）

常吃芹菜可以降血压

鲫鱼 108 千卡

相比肉类，鲫鱼脂肪含量低、蛋白质含量高，肉质细嫩，更容易被人体消化吸收，即使常食也不用担心体重会飙升。鲫鱼含大量的铁、钙、磷等矿物质，可以增强孕妈妈的免疫力。

主打营养素

• 蛋白质 • 维生素 A • 胆固醇 • 磷 • 钾

推荐食谱

• 鲫鱼丝瓜汤（见 P71）

孕妈妈多吃鲫鱼有助于胎宝宝大脑发育

紫甘蓝 33 千卡

紫甘蓝富含B族维生素、维生素C、维生素E，以及丰富的花青素和膳食纤维等，有预防感冒、强身健体的作用。将紫甘蓝和其他食材做成沙拉，清淡爽口，还有利于孕妈妈控制体重。

主打营养素

- B族维生素 • 维生素C • 维生素E

推荐食谱

- 紫甘蓝什锦沙拉（见P77）

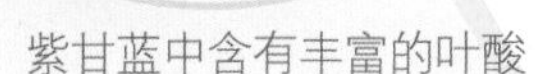

紫甘蓝中含有丰富的叶酸

少吃罐头食品

罐头中往往加入一定量的食品添加剂，经常食用会对胎宝宝造成一定的伤害，孕妈妈要少吃。

白萝卜 23 千卡

白萝卜热量低，是一种很好的瘦身蔬菜。它含有的胆碱物质能消积化滞，促进脂肪的分解，改善便秘现象，还可以提高孕妈妈的身体免疫力。

主打营养素

- 维生素C • 胡萝卜素 • 钙 • 钠 • 钾

推荐食谱

- 白萝卜海带汤（见P73）

白萝卜富含膳食纤维，可促进肠胃蠕动。

豆角 34 千卡

豆角含有较多的优质蛋白和不饱和脂肪酸，其中矿物质和膳食纤维含量也高于其他蔬菜，有化湿补脾的功效。豆角热量较低，是可以帮助孕妈妈控制体重的好食材。

主打营素

- 维生素A • 胡萝卜素 • 磷 • 钾

推荐食谱

- 豆角肉丝炒面（见P76）

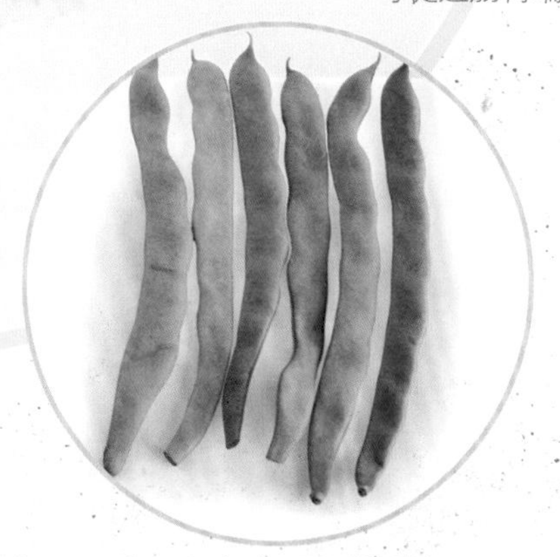

豆角不宜多吃，否则易胀气

孕 4 月 营养又不胖的食谱

什锦面

95 千卡

原料： 面条 100 克，鸡肉 50 克，香菇 2 朵，胡萝卜、青菜各 20 克，豆腐 30 克，海带丝、蛋清、香油、盐、鸡骨头各适量。

做法： ❶ 鸡骨头熬汤；胡萝卜洗净切丝；香菇洗净切丝；豆腐切块；青菜切丝备用。❷ 把鸡肉剁成肉末加入鸡蛋清后揉成小丸子，在开水中氽熟。❸ 把面条放入熬好的汤中煮熟，放青菜丝、香菇丝、海带丝、豆腐块、胡萝卜丝和小丸子煮熟，最后放盐、香油即可。

营养功效： 什锦面营养均衡，易于消化，可为孕妈妈补充体力又不会使体重飙升。

香油芹菜

29 千卡

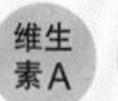

原料： 芹菜 100 克，当归 2 片，枸杞子、盐、香油各适量。

做法： ❶ 当归加水熬煮 5 分钟，滤渣取汁备用。❷ 芹菜择洗干净，切段，焯熟；枸杞子用开水浸洗 10 分钟。❸ 芹菜段用盐和当归水腌片刻，再放入少量香油，腌制入味后盛盘，撒上枸杞即可。

营养功效： 芹菜的热量很低，不仅能补铁，还能缓解便秘，配以香油，味道更加鲜美，还有利于控制孕妈妈的体重。

番茄猪骨粥

54 千卡

蛋白质

原料： 番茄 100 克，猪骨 300 克，大米 100 克，盐适量。

做法： ❶ 猪骨剁成块；番茄洗净，切块；大米洗净，浸泡备用。❷ 锅置火上，放入猪骨块和适量水，大火烧沸后改小火熬煮 1 小时。❸ 放入大米、番茄块，继续熬煮成粥，待粥熟时，加盐即可。

营养功效： 番茄猪骨粥含有丰富的蛋白质、脂肪、钙、胡萝卜素等，孕妈妈常喝可预防胎宝宝软骨病的发生。

海蜇拌双椒

原料：海蜇皮1张，青椒、红甜椒各20克，姜丝、盐、白糖、香油各适量。

做法：❶海蜇皮洗净、切丝，温水浸泡后沥干；青椒、红甜椒分别洗净、切丝备用。❷青椒丝、红甜椒丝拌入海蜇丝，加姜丝、盐、白糖、香油拌匀即可。

营养功效：海蜇含碘丰富，有助于本月胎宝宝甲状腺的健康发育，还能促进其中枢神经系统和大脑的发育。因这道菜热量比较低，孕妈妈可经常食用。

虾仁娃娃菜

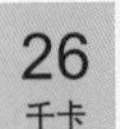

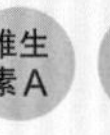
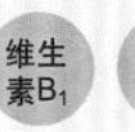
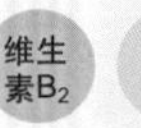

原料：娃娃菜1棵，虾仁50克，清汤、盐各适量。

做法：❶娃娃菜洗净，切段，焯水过凉；虾仁洗净备用。❷锅内倒入适量清汤，大火烧开后放入娃娃菜，开锅后加入虾仁，大火滚煮至熟，加入适量盐即可。

营养功效：虾仁含丰富的优质蛋白质、维生素A、维生素B_1、维生素B_2，有利于胎宝宝此阶段各个器官的快速发育。

牛肉焗饭

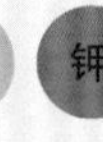
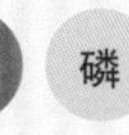
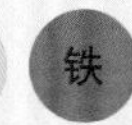
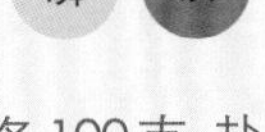

原料：牛肉、大米、菜心各100克，盐、酱油、料酒各适量。

做法：❶牛肉洗净切片，用盐、酱油、料酒腌制；菜心洗净，焯烫；大米淘洗干净。❷大米放入煲中，加适量水，开火煮饭，待饭将熟时，调成微火，放入牛肉片继续煮，牛肉熟后，把菜心围在边上即可。

营养功效：牛肉焗饭营养丰富又不易让孕妈妈体重飙升。牛肉富含铁、蛋白质等营养成分，孕妈妈常吃能增强体力；菜心富含钙、铁、维生素A，可预防孕妈妈缺铁性贫血。

清炒蚕豆

原料： 鲜蚕豆 300 克，盐、红甜椒丁各适量。

做法： ❶ 蚕豆洗净，备用。❷ 将油锅烧至八分热，放一些红甜椒丁，然后将蚕豆下锅翻炒，炒时火候要大，使蚕豆充分受热；加水焖煮，一般来说，水量需要与蚕豆持平。❸ 当蚕豆表皮裂开后加盐即可，用盐量比炒蔬菜略多些。

营养功效： 清炒蚕豆美味不增重，蚕豆营养丰富，植物蛋白含量丰富，还含有多种有益人体的营养素，利于胎宝宝大脑和骨髓发育。

豌豆粥

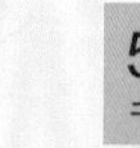

原料： 豌豆 50 克，大米 150 克，鸡蛋 1 个。

做法： ❶ 豌豆、大米洗净，放入锅内，加适量水，用大火煮沸。❷ 撇去浮沫后用小火熬煮至豌豆酥烂。❸ 最后淋入鸡蛋液稍煮即可。

营养功效： 豌豆中含维生素 C，可以提高孕妈妈的人体免疫力，有利水消肿的作用，且富含膳食纤维，能够减轻妊娠水肿和预防便秘，利于孕妈妈控制体重。

糖醋白菜

68 千卡 胡萝卜素 钠 镁

原料： 白菜 200 克，胡萝卜半根，淀粉、白糖、醋、酱油各适量。

做法： ❶ 白菜、胡萝卜洗净，斜刀切片。❷ 淀粉、白糖、醋、酱油调成糖醋汁，备用。❸ 油锅烧热，放入白菜片、胡萝卜片翻炒，炒至熟烂。❹ 倒入糖醋汁，翻炒几下即可。

营养功效： 这道糖醋白菜味道酸甜，脆嫩爽口，糖醋汁的味道能够很好地渗入到白菜片中，可以让孕妈妈食欲大振，还不会增加过多脂肪。

鸭肉冬瓜汤

41 千卡

原料: 鸭子 1 只,冬瓜 100 克,姜片、盐各适量。

做法: ❶ 鸭子去内脏,处理干净,斩块;冬瓜洗净,去子后带皮切小块。❷ 鸭肉块入沸水中汆烫,捞出,冲去血沫,放入汤煲内,加水大火煮开。❸ 放入姜片,转小火煲 90 分钟,关火前 10 分钟倒入冬瓜块,煮软,最后加盐调味即可。

营养功效: 鸭肉富含蛋白质、钾等多种营养素,有滋阴补虚的功效;冬瓜有利湿消肿之效,两者搭配,非常适合孕妈妈食用,滋补不增重。

鲫鱼丝瓜汤

44 千卡

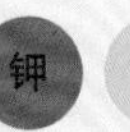

原料: 鲫鱼 1 条,丝瓜 100 克,姜片、盐各适量。

做法: ❶ 将鲫鱼去鳞、去鳃、去内脏,洗净,切小块;丝瓜去皮,洗净,切长条。❷ 锅中放入清水,把丝瓜段和鲫鱼块一起放入锅中,再放入姜片,先用大火煮沸,后改用小火慢炖至鱼熟,加盐调味即可。

营养功效: 鲫鱼丝瓜汤可为本月胎宝宝神经元的形成和发育提供营养,其中丝瓜含蛋白质、维生素 C、膳食纤维,孕妈妈食用后有润肤、控制体重的功效。

牛腩炖藕

124 千卡

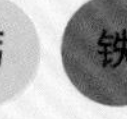

原料: 牛腩 150 克,莲藕 100 克,红豆 30 克,姜片、盐各适量。

做法: ❶ 牛腩洗净,切大块,汆烫,过冷水,洗净沥干;莲藕去皮洗净,切成块。❷ 将牛腩块、莲藕块、姜片、红豆放入锅中,加适量水,大火煮沸,转小火慢煲 2 小时,出锅前加盐调味。

营养功效: 莲藕含有较为丰富的碳水化合物,又富含维生素 C 和胡萝卜素,对于补充维生素十分有益;牛腩可以为孕妈妈提供高质量的蛋白质,增强身体的免疫力。

荸荠银耳汤

36 千卡

原料：荸荠 4 个，银耳 10 克，高汤、枸杞子、冰糖、盐各适量。

做法：❶ 将荸荠去皮洗净，切薄片，放清水中浸泡 30 分钟，取出沥干备用。❷ 银耳用温水泡开，洗去杂质，用手撕成小朵；枸杞子泡软，洗净。❸ 锅置火上，放入高汤、银耳、冰糖煮 30 分钟，加入荸荠片、枸杞子和盐，用小火煮 10 分钟，撇去浮沫。

营养功效：不爱吃肉的孕妈妈可从银耳中摄取维生素 D，以促进钙的吸收。荸荠银耳汤热量较低，不会让孕妈妈增加过多脂肪。

凉拌空心菜

41 千卡

原料：空心菜 150 克，蒜末、盐、香油各适量。

做法：❶ 空心菜洗净，切段。❷ 水烧开，放入空心菜段，滚三滚后捞出沥干。❸ 蒜末、盐与少量水调匀后，浇入热香油，再和空心菜段拌匀即可。

营养功效：凉拌空心菜热量低，营养不增重。空心菜中膳食纤维含量丰富，可为孕妈妈轻松排毒，同时富含胡萝卜素和维生素 C，能够促进胎宝宝视力发育。

奶酪烤鸡翅

149 千卡

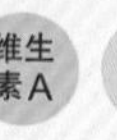

原料：黄油、奶酪各 50 克，鸡翅 6 个，盐适量。

做法：❶ 将鸡翅洗净，并在鸡翅上划几刀，用盐腌制 2 小时。❷ 将黄油放入锅中熔化后，再将鸡翅放入锅中。❸ 用小火将鸡翅煎至熟透，然后将奶酪擦成碎末，均匀地撒在鸡翅上。❹ 待奶酪完全变软，关火装盘即可。

营养功效：奶酪中含有丰富的钙；鸡翅中含有丰富的蛋白质，这道菜可以为孕妈妈补充充足的能量和营养，也可以促进胎宝宝肌肉、血液、毛发的发育。

香菇荞麦粥

62 千卡    

原料： 大米200克，荞麦50克，干香菇2朵。

做法： ❶ 将干香菇泡开，切成细丝。❷ 大米和荞麦淘洗干净，放入锅中，加适量水，开大火煮。❸ 沸腾后放入香菇丝，转小火，慢慢熬制成粥。

营养功效： 荞麦能增强饱腹感，而且荞麦热量较低，胃口大好的孕妈妈常吃也不用担心长胖；香菇中的维生素D，被人体吸收后，可以增强人体抗病能力。

咖喱蔬菜鱼丸煲

114 千卡    

原料： 洋葱、土豆、胡萝卜、鱼丸、西蓝花各100克，盐、白糖、酱油、高汤、咖喱各适量。

做法： ❶ 将洋葱、土豆、胡萝卜分别去皮，洗净，切丁；西蓝花洗净，切小朵。❷ 将所有食材与咖喱一起炒熟后，加高汤煮沸。❸ 最后放入盐、白糖、酱油调味即可。

营养功效： 咖喱蔬菜鱼丸煲食材丰富，营养均衡。西蓝花富含维生素K、维生素C，有止血凝血、提高免疫力的功效；胡萝卜有“小人参”的美誉，可以帮助孕妈妈预防妊娠斑。

白萝卜海带汤

11 千卡   

原料： 海带50克，白萝卜100克，盐适量。

做法： ❶ 海带洗净切丝；白萝卜洗净切丝。❷ 将海带丝、白萝卜丝放入锅中，加适量清水，煮至海带熟透。❸ 出锅时加入盐调味即可。

营养功效： 白萝卜是很好的保健食品，有消食化滞、开胃健脾、清热生津的功效；海带是一种碱性食品，孕妈妈经常食用有利于钙的吸收，并且还能减少脂肪在体内的积存。

干烧黄花鱼

136 千卡　蛋白质　维生素E　钙

原料：黄花鱼1条，香菇4朵，五花肉50克，葱末、蒜末、姜末、料酒、酱油、白糖、盐各适量。

做法：❶将黄花鱼去鳞、鳃及内脏，洗净；香菇洗净，切小丁；五花肉洗净，按肥瘦切成小丁。❷油锅烧热，放入黄花鱼，煎至一面呈微黄色时翻面。❸另起油锅烧热，放入肥肉丁和姜末，用小火煸炒，再放入其他食材和调料，加水烧开，转小火烧15分钟即可。

营养功效：黄花鱼中富含蛋白质和B族维生素，可促进胎宝宝大脑、骨骼的健康生长。

如意蛋卷

113 千卡　蛋白质　碘

原料：鸡蛋2个，虾仁、草鱼肉各100克，蒜薹50克，紫菜、盐、水淀粉各适量。

做法：❶草鱼肉与虾仁剁成肉蓉，加盐、水淀粉搅拌均匀。❷将蒜薹焯烫沥干；鸡蛋打散后入油锅制成蛋皮。❸蛋皮上铺紫菜，将肉蓉、蒜薹均匀地铺于紫菜上，卷起来。❹蛋卷汇合处抹少许水淀粉，用细绳绑住，上锅蒸熟，切开即可。

营养功效：如意蛋卷能补充胎宝宝本月发育所需的蛋白质及多种维生素，也是孕期长胎不长肉的好菜品。

清蒸大虾

91 千卡　蛋白质　

原料：虾150克，葱、姜、料酒、花椒、高汤、米醋、酱油、香油各适量。

做法：❶虾洗净，去虾线；葱择洗干净切丝；姜洗净，一半切片，一半切末。❷虾摆在盘内，加入料酒、葱丝、姜片、花椒和高汤，入笼蒸10分钟左右。❸蒸熟后，拣去葱丝、姜片、花椒，然后装盘。❹用米醋、酱油、姜末和香油兑成汁，供蘸食。

营养功效：虾口味鲜美，营养丰富，滋补身体的同时不易使孕妈妈体重飙升。孕妈妈常吃虾，既有利于安胎保胎，也有利于胎宝宝各个器官的发育。

阳春面

原料: 面条 100 克，紫皮洋葱 1 个，香葱 1 根，香油、盐各适量。

做法: ❶ 紫皮洋葱切片，香葱切碎末。❷ 油锅烧热，放入洋葱片，炒葱油。❸ 将面条煮熟，然后在盛面的碗中放入 1 勺葱油，放入盐。❹ 煮熟的面挑入碗中，淋入香油，撒上香葱末即可。

营养功效: 阳春面营养丰富而且全面，孕妈妈常吃对胎宝宝脑细胞的发育有利，清淡的口味、较低的热量，孕妈妈常食也不用担心会增肥。

紫薯山药球

78
千卡

原料: 紫薯、山药各 100 克，炼奶适量。

做法: ❶ 紫薯、山药分别洗净，去皮，蒸熟后压成泥。❷ 在山药泥中混入适量蒸紫薯的水，然后和紫薯泥一起分别拌入炼奶混合均匀。❸ 用模具定型即可。

营养功效: 山药含有氨基酸、维生素 B_2、维生素 C 及钙、磷、铜、铁、碘等多种营养素，能满足胎宝宝身体发育所需；紫薯中的膳食纤维含量高，孕妈妈食用后有清肠排毒、控制体重的功效。

鱼头木耳汤

87
千卡

蛋白质

原料: 鱼头 1 个，冬瓜 100 克，油菜 50 克，木耳 20 克，葱段、姜片、料酒、盐各适量。

做法: ❶ 鱼头收拾干净，抹上盐；冬瓜洗净，切片；油菜洗净切段；木耳泡发。❷ 油锅烧热，将鱼头煎至两面金黄。❸ 放入葱段、姜片、料酒、盐及适量清水，大火煮沸 5 分钟后，转小火焖 20 分钟，放入冬瓜片、木耳、油菜段，煮熟即可。

营养功效: 鱼头是孕妈妈补充营养的佳品，因热量低，易于消化，对孕妈妈瘦身有一定帮助，同时还益于胎宝宝大脑和神经系统的发育。这道汤中还可以放入其他蔬菜，如白菜、豆芽，这样营养更全面。

三鲜馄饨

158 千卡

蛋白质

维生素A

碘

原料： 猪肉250克，馄饨皮300克，鸡蛋1个，虾仁20克，紫菜、香菜末、盐、高汤、香油各适量。

做法： ❶ 鸡蛋打散，平底锅刷一层油，蛋液入油锅摊成蛋皮，取出晾凉切丝；猪肉洗净剁碎，加盐拌成馅。❷ 馄饨皮包入馅。❸ 在沸水中下入馄饨、虾仁、紫菜；加1次冷水，待再沸时捞起馄饨放在碗中。❹ 碗中放入蛋皮丝、香菜末，加入盐、高汤，淋上香油。

营养功效： 三鲜馄饨食材丰富，能够帮孕妈妈补充钙和维生素D，怕胖的孕妈妈可以将猪肉换成虾肉、鱼肉，能减少脂肪的摄入。

鳗鱼饭

129 千卡

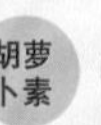
蛋白质

胡萝卜素

钙

原料： 鳗鱼150克，笋片50克，青菜2棵，米饭200克，盐、料酒、酱油、白糖、高汤各适量。

做法： ❶ 鳗鱼洗净，放盐、料酒、酱油腌半小时。❷ 把腌好的鳗鱼放入温度为180℃的烤箱中烤熟。❸ 将洗好的笋片、青菜放油锅中略炒，把烤熟的鳗鱼放入锅内，倒入高汤、酱油、白糖，待锅内的汤几乎收干即可出锅，摆在米饭上即可。

营养功效： 鳗鱼饭富含蛋白质、钙及DHA，对胎宝宝的大脑发育有益处，孕妈妈食用后还可以保护肝脏、补虚养血。

豆角肉丝炒面

149 千卡

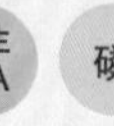
蛋白质

维生素A

磷

原料： 猪瘦肉丝80克，面条150克，豆角80克，红甜椒丝、盐、香油、酱油、淀粉、葱花各适量。

做法： ❶ 将豆角择洗干净，切段；面条下开水中煮到九成熟，捞出，拌上香油放凉。❷ 将猪瘦肉丝加盐、淀粉腌10分钟。❸ 油锅烧热，放肉丝翻炒至变色后盛出。❹ 爆香葱花，放豆角段翻炒，炒至变软，倒入肉丝、面条、红甜椒丝炒散，加盐、香油、酱油调味即可。

营养功效： 豆角肉丝炒面营养美味，可以让孕妈妈和胎宝宝远离贫血。

紫甘蓝什锦沙拉

钙

原料：紫甘蓝2片，黄瓜半根，番茄1个，芦笋2根，沙拉酱适量。

做法：❶ 将紫甘蓝、黄瓜、番茄、芦笋分别洗净，黄瓜、番茄切小块，紫甘蓝切丝，芦笋切段。❷ 芦笋在开水中略微焯烫，捞出后浸入冷开水中。❸ 将紫甘蓝丝、黄瓜块、番茄块、芦笋段码盘，挤上沙拉酱，拌匀即可。

营养功效：紫甘蓝什锦沙拉食材丰富，含有丰富的叶酸和多种维生素，并且凉拌生吃能最大限度地保存营养，非常适合想要控制体重的孕妈妈食用。

菠菜胡萝卜蛋饼

钙 磷

原料：胡萝卜半根，面粉100克，菠菜50克，鸡蛋1个，盐适量。

做法：❶ 胡萝卜切丝；菠菜切段用热水烫一下。❷ 将菠菜段、胡萝卜丝和面粉放在盆中，加入盐、鸡蛋，添水搅拌成糊状。❸ 平底锅放油，将面糊倒入，小火慢煎，两面翻烙，直到面饼呈金黄色至熟即可。

营养功效：菠菜胡萝卜蛋饼美味不增重。菠菜、胡萝卜中都富含胡萝卜素；鸡蛋中富含钙、磷、蛋白质等，是孕妈妈不可忽视的“营养宝库”。

香菇炖鸡

钾 铁

原料：香菇4朵，鸡1只，盐、高汤、葱段、姜片、料酒各适量。

做法：❶ 将香菇用温水泡发洗净，切花刀；鸡去内脏洗净，剁块，然后放入沸水中汆一下，捞出洗净。❷ 锅内放入高汤和鸡块，用大火烧开，撇去浮沫，加入料酒、盐、葱段、姜片、香菇，用中火炖至鸡肉熟烂即可。

营养功效：香菇味道鲜美，高蛋白、低脂肪，含有丰富的B族维生素和钾、铁等营养素，与营养丰富的鸡肉搭配，可以提高孕妈妈和胎宝宝的免疫力。

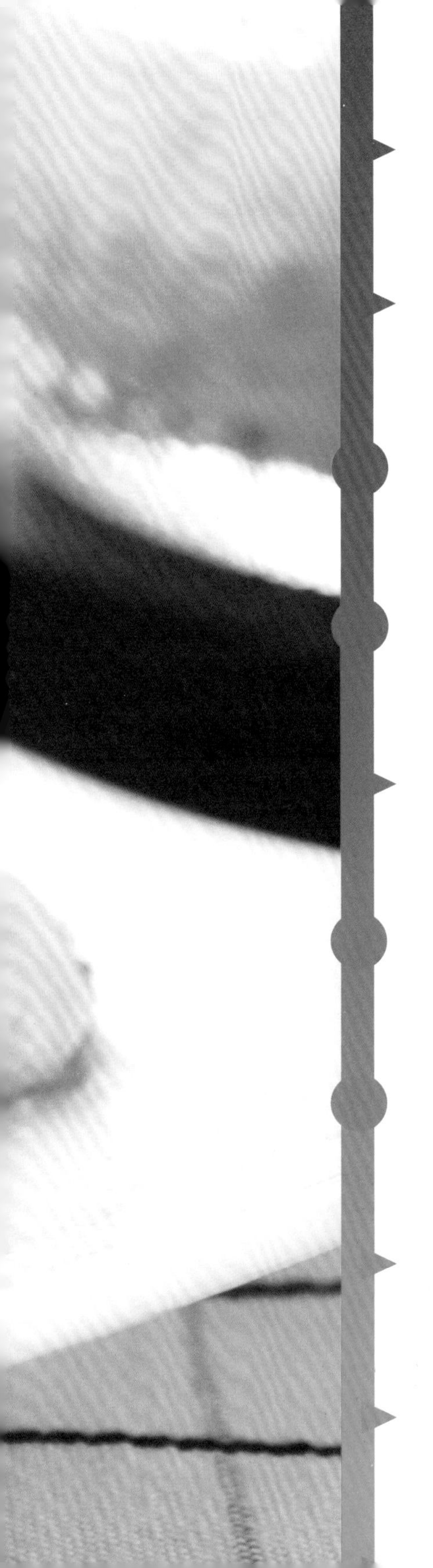

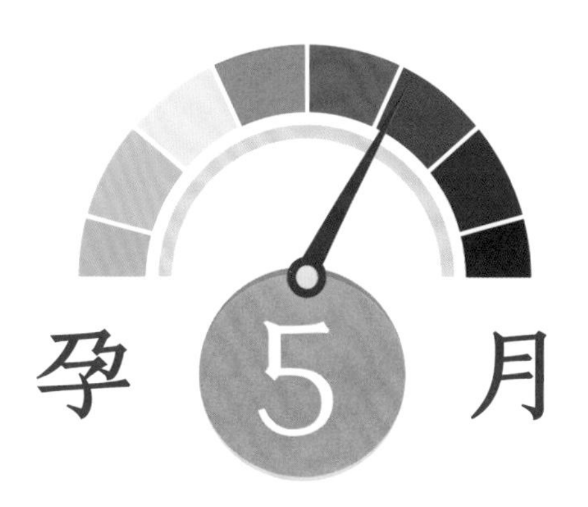

孕5月

这个月，胎宝宝每天都在不断地汲取营养，努力成长着，孕妈妈可以多吃一些有营养的食物，但是仍要时刻关注体重变化，别吃成个大胖子。

增重对比

胎宝宝的重量相当于 2 个小苹果

孕妈妈的体重此时增加了

大约 1 个南瓜的重量

孕 5 月 长胎不长肉饮食方案

孕 5 月，孕妈妈体内的基础代谢增加，子宫、乳房、胎盘迅速发育，而此时也是胎宝宝骨骼和牙齿发育的关键期。所以孕妈妈要注意合理饮食和适度运动，以防营养过剩，使体重超额增加。

1 补充水分

经过调查，孕期孕妈妈容易忽视补水。水是人体所必需的营养素，因此除了必要的食物营养之外，孕妈妈还需要补水。水占人体体重的 60%，是体液的主要成分，水具有调节及维持人体正常的物质代谢的功能。同时孕妈妈饮水不要过多，保持每日饮水量在 1~1.5 升为宜。如果摄入过多，无法及时排出，会引起或者加重水肿。

2 控制体重从调节每餐饮食比例开始

糖类、蛋白质、脂肪是维持人体机能正常运作的必要元素，孕妈妈在怀孕期间要注意摄取这三类营养素。从本月开始，孕妈妈的体重很容易快速飙升，这时要注意调整糖类、蛋白质、脂肪的摄入比例，应适当增加蛋白质的摄入，减少糖类和脂肪的摄入，每日摄入约 500 克主食，搭配 450 克蔬菜、150 克肉类、100 克水果是较为合适的。

孕 5 月热量摄入计划

孕 5 月，胎宝宝在迅速发育，孕妈妈的子宫、乳房也明显增大，所以身体对热量、蛋白质、脂肪、钙、铁等的需要也在增加。本月，孕妈妈每天需要摄取 2 100~2 200 千卡热量。

450 千卡 早餐 + **150 千卡** 加餐 + **700 千卡** 午餐 +

三丁豆腐羹 53 千卡

蛤蜊豆腐汤 45 千卡

3 要控制体重，晚餐不宜这样吃

孕妈妈既要保证营养的足量摄入，又要保证体重不增长太多，晚餐吃得科学很重要，孕妈妈要记住下面三点：

晚餐不宜过迟：如果晚餐时间与上床休息时间间隔太近，不但会造成脂肪堆积，加重胃肠道的负担，还会导致孕妈妈难以入睡。

晚餐不宜进食过多：晚上吃太多，易出现消化不良及胃痛等现象，热量也不容易被消耗，久而久之就会让孕妈妈的体重直线上升。

不宜吃太多肉蛋类食物：在晚餐进食大量蛋、肉，而活动量又很小的情况下，多余的营养会转化为脂肪储存起来，使孕妈妈越来越胖，还会导致胎宝宝营养过剩。

孕 5 月 体重计划

孕 5 月，孕妈妈的体重每周增长不宜超过 300 克，配合饮食计划，适度增加运动，就会有助于保持体重持续、稳定、合理地增加。

- 孕妈妈如果没有时间去参加运动训练班，可以自己在家练习，但最好有家人陪同。
- 适当做做瑜伽，可以帮助孕妈妈缓解不良情绪，还可以控制体重。
- 可以和准爸爸一起进行户外运动，但是要注意安全。
- 可以根据自己的体能，每天进行不少于 30 分钟的低强度运动。
- 可以适当做一些家务，帮助身体消耗多余的能量，有利于控制体重。需要注意的是，那些会挤压腹部或者需要登高的家务活，孕妈妈不要碰。
- 可以借助一些量化工具，比如记步手环来帮助更好地实现体重计划。
- 如果某一天的体重超标，日后可适当减少加餐。

孕 5 月的营养素需求

孕 5 月，胎宝宝的循环系统开始工作，骨骼也开始变硬，孕妈妈要及时补充维生素 D、硒等营养素。因为怀孕期间，孕妈妈对铁的需求是孕前的 2 倍，也不要忽视对铁的补充。

预防孕妈妈缺铁性贫血

150 千卡 加餐 + **650 千卡** 晚餐 = **2 100 千卡**

小米、玉米、红薯等粗粮，补充热量的同时，还能预防便秘

五彩蒸饺 149 千卡

孕中期，肠胃动力差的孕妈妈，容易发生便秘和痔疮，所以最好每餐都有粗粮和蔬菜水果，以保证膳食纤维的摄入，预防便秘。

吃不胖的6种食物

进入孕5月，孕妈妈的肚子已经比较明显了，尤其是比较瘦弱的孕妈妈，感觉肚子是突然长起来的。本月孕妈妈要注意安排好饮食，并控制好食量，避免出现超重的情况，以下6种食材有利于孕妈妈控制体重。

牛奶 54千卡

牛奶营养丰富，含有维生素A、钙、铁、磷、钾等营养素。在促进胎宝宝骨骼发育的同时，还可以预防孕妈妈发生腿部抽筋，增强人体免疫力。同时牛奶还有镇静安神、消炎消肿的功效。

主打营养素

- 维生素A
- 钙
- 钾
- 磷

推荐食谱

- 鲜奶炖木瓜雪梨（见P88）

喝牛奶可镇定安神

五彩玉米羹颜色鲜艳，口感香甜，营养美味

番茄 20千卡

番茄被人们称为“蔬菜中的水果”，酸酸甜甜的口感有助于改善孕妈妈的食欲，缓解早孕反应。同时番茄里的柠檬酸与番茄红素能够加快身体代谢、抑制脂肪增多，孕妈妈不用担心会长胖。

主打营养素

- 胡萝卜素
- 维生素A
- 维生素E
- 钾
- 磷

推荐食谱

- 番茄猪骨粥（见P68）、芦笋番茄（见P93）

番茄可生吃，适合孕妈妈当零食吃

西葫芦 19千卡

清新爽口的西葫芦富含维生素，有清热利尿、除烦止渴、润泽肌肤的功效，对孕妈妈孕期尿频有一定的缓解作用，孕妈妈可经常食用。

主打营养素

- 维生素A
- 胡萝卜素
- 钙
- 磷

推荐食谱

- 西葫芦鸡蛋饼（见P84）

常吃西葫芦可润泽皮肤

柚子 42 千卡

研究发现，柚子中含有非常丰富的维生素 C 以及类胰岛素等成分，有预防妊娠糖尿病的作用。柚子里面还含有大量的维生素 P、维生素 B_1、胡萝卜素，孕期食用可健胃、润肺，还可以改善孕妈妈的皮肤。而且柚子热量低，有利于孕期体重控制。

主打营养素

- 维生素 C
- 胡萝卜素
- 磷
- 钾
- 镁

推荐食谱

- 苹果蜜柚橘子汁（见 P29）

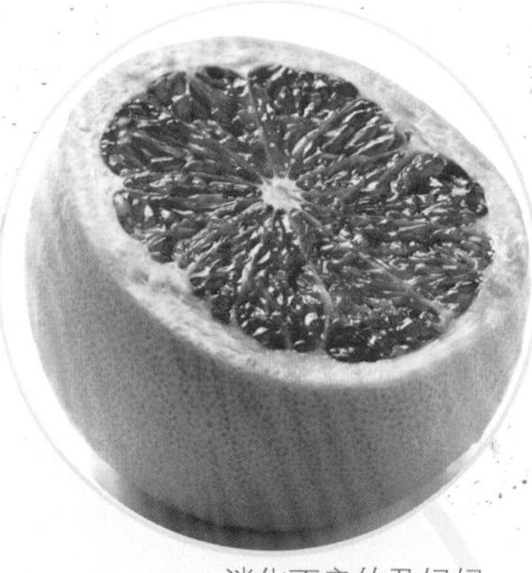

消化不良的孕妈妈可吃些柚子

彩椒 26 千卡

彩椒颜色多样，营养价值丰富。味道不辣或微辣，且热量较低，不仅可以熟吃，也非常适合生吃，和其他蔬菜拌食，营养又有助于控制体重。彩椒富含维生素 C 和胡萝卜素，是天然的抗氧化剂，孕妈妈经常食用，可以帮助改善皮肤。

主打营养素

- 碳水化合物
- 蛋白质
- 胡萝卜素

推荐食谱

- 彩椒炒腐竹（见 P93）

彩椒有预防感冒的功效

蛤蜊 62 千卡

蛤蜊富含钙和磷，可以强健孕妈妈的骨骼，并有利于胎宝宝骨骼的生长和钙化。蛤蜊中铁元素也比较丰富，孕妈妈常吃，能使脸色红润、有光泽，有预防孕期缺铁性贫血的作用。适当吃蛤蜊，还可以刺激食欲、化痰利尿，因为蛤蜊热量低，所以孕妈妈不用担心食用后会增重过多。

主打营养素

- 磷
- 钠
- 钙
- 钾
- 镁

推荐食谱

- 蛤蜊豆腐汤（见 P84）

蛤蜊味道鲜美，脂肪含量低

孕 5 月 营养又不胖的食谱

松仁鸡蛋卷

94 千卡 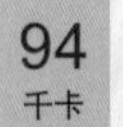 蛋白质  胡萝卜素  钙  硒

原料： 鸡肉 100 克，虾仁 50 克，松子仁 20 克，胡萝卜碎、蛋清、盐、料酒、淀粉各适量。

做法： ❶ 鸡肉洗净，切成薄片。❷ 虾仁切碎剁成蓉，加胡萝卜碎、盐、料酒、蛋清和淀粉搅匀。❸ 在鸡片上放虾蓉和松子仁，卷成卷儿，大火蒸熟即可。

营养功效： 松子仁和虾仁中的硒，可促进胎宝宝智力发育；胡萝卜中的胡萝卜素有补肝明目的作用。孕妈妈食用松仁鸡蛋卷，还可增强体质。

西葫芦鸡蛋饼

125 千卡  蛋白质  维生素 C  胡萝卜素  钙

原料： 西葫芦 250 克，面粉 150 克，鸡蛋 3 个，盐适量。

做法： ❶ 鸡蛋打散，加盐调味；西葫芦洗净，切丝。❷ 将西葫芦丝和面粉放入蛋液中，搅拌均匀成面糊。如果面糊稀了就适量加面粉，如果稠了就加蛋液。❸ 油锅烧热，倒入面糊，煎至两面金黄即可。

营养功效： 西葫芦富含维生素 C、胡萝卜素、钙，与鸡蛋搭配更利于营养吸收，且有清热利尿、润肺止咳、提高免疫力的功效。

蛤蜊豆腐汤

45 千卡  钙  镁 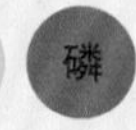 磷

原料： 蛤蜊 200 克，豆腐 100 克，姜片、盐、香油各适量。

做法： ❶ 在清水中放入少许香油和盐，放入蛤蜊，让蛤蜊彻底吐尽泥沙，捞出，冲洗干净；豆腐切块。❷ 锅中放适量清水、姜片、盐煮沸，将蛤蜊、豆腐块一同放入，用中火继续炖煮。❸ 待蛤蜊张开壳、豆腐块熟透后关火，放盐、香油调味即可。

营养功效： 蛤蜊味道鲜美，可以帮助孕妈妈抗压助眠，与含钙量高、热量低的豆腐做汤，营养不增重。

胡萝卜炒鸡蛋

原料：胡萝卜1根，鸡蛋1个，葱花、盐各适量。

做法：❶ 鸡蛋磕入碗中，加入葱花打散；胡萝卜洗净，切丝。❷ 油锅烧热，翻炒至鸡蛋块定型，盛出备用。❸ 锅中倒适量油，烧热后，煸香葱花，再下入胡萝卜丝，炒三四分钟后倒入炒过的鸡蛋块，加适量盐翻炒均匀即可。

营养功效：富含蛋白质、铁、钙、钾等营养素的鸡蛋与胡萝卜同炒，可以使胡萝卜中的胡萝卜素更易被孕妈妈吸收。这道胡萝卜炒鸡蛋清爽不油腻，孕妈妈可经常食用。

五彩蒸饺

149
千卡

原料：猪肉末100克，紫薯、南瓜各80克，芹菜、菠菜各50克，葱末、姜末、盐各适量。

做法：❶ 将紫薯、南瓜处理好后蒸熟分别捣成泥；菠菜焯水；芹菜焯水切成末。❷ 面粉中加入清水，和成面团，并分成3份。❸ 将紫薯泥、南瓜泥、菠菜水分别与和好的分别面团混合，制成饺子皮。❹ 猪肉末、芹菜末、盐、葱末、姜末拌匀，做成馅儿。❺ 将饺子皮中放入馅，包成饺子，蒸熟即可。

营养功效：五彩蒸饺食材丰富，荤素搭配，营养均衡，是长胎不长肉的好菜品。

五仁大米粥

48
千卡

蛋白质 磷 钙 硒

原料：大米30克，碎核桃仁、碎松子仁、碎花生、葵花子仁、冰糖各适量。

做法：❶ 大米煮成稀粥，加入碎核桃仁、碎松子仁、碎花生、葵花子仁同煮。❷ 最后加入冰糖，煮10分钟即可。

营养功效：五仁大米粥中富含硒等矿物质和蛋白质，可补益胎宝宝的大脑。葵花子仁富含维生素B_1、维生素E、铁、锌等营养素，对稳定情绪、预防贫血、增强记忆力都有好处。

三丁豆腐羹

53 千卡   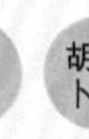 

蛋白质 维生素C 胡萝卜素 钙

原料：豆腐200克，鸡胸肉、番茄、豌豆各50克，盐、香油各适量。

做法：❶ 豆腐切成块，在开水中煮1分钟。❷ 将鸡胸肉、番茄分别洗净、去皮，切成小丁。❸ 将豆腐块、鸡肉丁、番茄丁、豌豆放入锅中，大火煮沸后，转小火煮20分钟。❹ 出锅时加入盐、淋上香油即可。

营养功效：三丁豆腐羹含丰富的蛋白质、钙和维生素C，有助于胎宝宝骨骼、牙齿和大脑的快速发育。而且此羹食材丰富，热量较低，孕妈妈可经常食用。

玉米面发糕

142 千卡 

蛋白质 维生素E

原料：面粉、玉米面各100克，红枣2颗，酵母粉、白糖各适量。

做法：❶ 将面粉、玉米面、白糖混合均匀；酵母粉溶于温水后倒入面粉中，揉成均匀的面团。❷ 将面团放入蛋糕模具中，放温暖处饧发至面团膨胀到2倍大。❸ 红枣洗净，加水煮10分钟；将煮好的红枣嵌入发好的面团表面，入蒸锅。❹ 开大火，蒸20分钟，立即取出，取下模具，切成块即可。

营养功效：玉米面发糕香软适口，营养美味。其中玉米对胎宝宝智力、视力发育都有好处，对孕妈妈则有降血脂、降血压的作用。

凉拌蕨菜

49 千卡    

蛋白质 胡萝卜素 钾 钙

原料：蕨菜200克，盐、酱油、醋、蒜末、白糖、香油、薄荷叶各适量。

做法：❶ 将蕨菜放入开水中烫熟，捞出切段。❷ 加入蒜末、酱油、香油、盐、醋、白糖拌匀，最后点缀薄荷叶即可。

营养功效：凉拌蕨菜做法简单，清爽可口。蕨菜含有的膳食纤维能促进胃肠蠕动，具有下气、通便的作用。此外，吃点蕨菜还能清热降气，增强抵抗力，让孕妈妈既能保持身体健康，又能瘦身。

醋焖腐竹带鱼

149 千卡 蛋白质 维生素E 钙

原料： 带鱼1条，腐竹3根，老抽、料酒、醋、盐、白糖各适量。

做法： ❶ 带鱼去头去尾、去内脏，切成段，用老抽、料酒腌1小时；腐竹泡发后切成段。❷ 油锅加热，将带鱼段煎至八成熟时捞出。❸ 另起油锅，放入带鱼段，倒入醋、适量凉开水，调入盐、白糖，放入泡好的腐竹段，炖至入味，最后收汁即可。

营养功效： 带鱼含不饱和脂肪酸较多，有降低胆固醇的作用，还有益于胎宝宝大脑发育。

五彩玉米羹

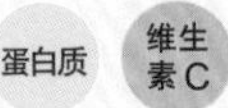

55 千卡 蛋白质 维生素C

原料： 玉米粒50克，鸡蛋1个，豌豆、菠萝丁各20克，冰糖、枸杞子、水淀粉各适量。

做法： ❶ 将玉米粒、豌豆、枸杞子均洗净；鸡蛋打散。❷ 将玉米粒放入锅中，加清水煮至熟烂，放入菠萝丁、豌豆、枸杞子、冰糖，煮5分钟，加水淀粉勾芡，使汁变浓。❸ 淋入蛋液，搅拌成蛋花，烧开后即可。

营养功效： 五彩玉米羹颜色动人，口感香甜，美味营养，为了防止体重增长过快，嗜甜的孕妈妈要少放一些冰糖。

荞麦凉面

97 千卡 维生素E 铁

原料： 荞麦面条100克，熟海带丝50克，酱油、醋、白糖、白芝麻、盐各适量。

做法： ❶ 荞麦面条煮熟后用凉白开过凉，待面变凉后，加适量水和酱油、白糖、醋、盐，搅拌均匀。❷ 荞麦面上撒熟海带丝和白芝麻拌匀即可。

营养功效： 荞麦凉面营养丰富，也较容易消化。荞麦不仅能帮助胎宝宝开始在肝脏和皮下储存糖原及脂肪，还能提升胎宝宝智力水平；海带烹饪简单、热量低，孕妈妈可经常食用。

盐水鸡肝

125 千卡

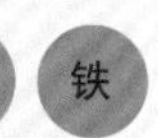

蛋白质 维生素A 维生素B_2 钠 铁

原料：鸡肝 100 克，香菜末、蒜末、葱末、姜片、盐、料酒、醋、香油各适量。

做法：❶ 鸡肝洗净，放入锅内，加适量清水、姜片、盐、料酒，煮至鸡肝熟透。❷ 取出鸡肝，放凉，切块，加醋、葱末、蒜末、香油、香菜末，拌匀即可。

营养功效：盐水鸡肝营养美味，鸡肝可以补充铁质，且富含维生素 A、维生素 B_2，能增强孕妈妈的免疫功能，还能促进胎宝宝的正常发育。

鲜奶炖木瓜雪梨

47 千卡

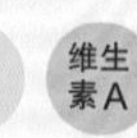

蛋白质 钙 维生素A 胡萝卜素

原料：牛奶 250 毫升，梨 1 个，木瓜 1 个，蜂蜜适量。

做法：❶ 将梨、木瓜分别用水洗净，去皮，去核（瓤），切块。❷ 梨块、木瓜块放入炖盅内，加入牛奶和适量水，盖好盖，先用大火烧开，改用小火炖至梨块、木瓜块软烂，加入蜂蜜调味即可。

营养功效：鲜奶炖木瓜雪梨是孕妈妈补充蛋白质、β-胡萝卜素和维生素的较好选择，孕妈妈常吃既能提高免疫力，又能美容养颜，控制体重，而且对胎宝宝的健康发育很有益。

麻酱素什锦

61 千卡

胡萝卜素 钙 磷

原料：白萝卜、圆白菜、黄瓜、生菜、白菜各 50 克，芝麻酱 30 克，盐、酱油、醋、糖各适量。

做法：❶ 将准备好的所有蔬菜择洗干净，均切成细丝，用凉开水浸泡，捞出沥干，放入大碗中。❷ 取适量芝麻酱，加凉开水搅开，再加盐、酱油、醋、糖搅匀，最后淋在蔬菜上即可。

营养功效：麻酱素什锦口感凉爽清脆，营养不增重。而且蔬菜生吃可最大程度保留营养成分，还可以增进孕妈妈的食欲，超重的孕妈妈可以经常食用。

东北乱炖

原料: 猪排150克,茄子、土豆、豆角、番茄各 40 克,盐、生抽各适量。

做法: ❶ 猪排斩段,汆水沥干;茄子、土豆、番茄分别洗净,切块;豆角洗净,切段。❷ 将猪排段、土豆块放入油锅炒匀。❸ 依次倒入茄子块、番茄块、豆角段翻炒,加水,大火煮沸后,转小火慢炖。❹ 加入盐和生抽,大火收汁即可。

营养功效: 这道东北乱炖简单易煮,有荤有素,适合本月滋补之用,孕妈妈在享受美味的同时不用担心体重会飙升。

鸡蓉干贝

原料: 鸡胸肉 100 克,干贝 20 克,鸡蛋、盐各适量。

做法: ❶ 鸡胸肉洗净,剁成蓉泥;干贝洗净,放入碗内,加水,上笼屉蒸 1.5 小时,取出后压碎。❷ 鸡蓉碗内打入鸡蛋,快速搅拌均匀,加入干贝碎、盐拌匀。❸ 油锅烧热,下入鸡蓉和干贝,用锅铲不断翻炒,待鸡蛋凝结成形时即可。

营养功效: 干贝富含钙和硒,能补充钙质,还能保护胎宝宝心脏和神经系统的发育;鸡胸肉蛋白质含量高,易于被孕妈妈吸收利用,且热量低,便于孕妈妈控制体重。

三色肝末

原料: 猪肝、番茄各 100 克,胡萝卜半根,洋葱半个,菠菜 20 克,肉汤、盐各适量。

做法: ❶ 将猪肝、胡萝卜分别洗净,切碎;洋葱剥去外皮切碎;番茄切丁;菠菜择洗干净,用开水烫过后切碎。❷ 分别将切碎的猪肝、洋葱、胡萝卜放入锅内并加入肉汤煮熟,再加入番茄丁、菠菜碎、盐,煮熟即可。

营养功效: 三色肝末清香可口,明目功效显著。洋葱可补充硒元素,保护胎宝宝心脑发育。

百合莲子桂花饮

31 千卡

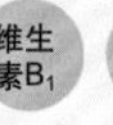

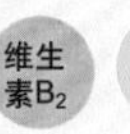

原料：鲜百合 30 克，莲子 50 克，桂花蜜、冰糖各适量。

做法：❶百合轻轻掰开后用清水洗净，尽量避免用力揉搓；莲子用水浸泡 10 分钟后捞出。❷锅中加适量水，将莲子煮 5 分钟后捞出，去掉莲子心。❸莲子回锅，再次煮开后，加入百合瓣，再加入冰糖、桂花蜜至溶化即可。

营养功效：百合莲子桂花饮含有维生素 B_1、维生素 B_2、钙等营养成分，对胎宝宝大脑和皮肤的发育大有裨益。

什锦烧豆腐

98 千卡

钙

原料：豆腐 200 克，笋尖 30 克，香菇 2 朵，鸡肉 50 克，料酒、酱油、盐、姜末、葱花各适量。

做法：❶豆腐洗净，切块；香菇、笋尖、鸡肉分别洗净，切片。❷将姜末和香菇片煸炒出香味，放豆腐块和鸡片、笋片，加酱油、料酒炒匀，加清水略煮，放盐调味，撒上葱花即可。

营养功效：什锦烧豆腐食材丰富，豆腐和虾皮含钙量较高，可以为孕妈妈补充钙质，预防和缓解腿抽筋；笋尖富含膳食纤维，可以帮助孕妈妈预防便秘。

芝麻茼蒿

34 千卡

原料：茼蒿 200 克，黑芝麻 5 克，香油、盐各适量。

做法：❶茼蒿洗净，切段，用开水略焯。❷油锅烧热，放入黑芝麻过油，迅速捞出。❸将黑芝麻撒在茼蒿段上，加香油、盐搅拌均匀即可。

营养功效：对于还在工作岗位上的孕妈妈来说，茼蒿是非常好的安神食物。它含有大量的胡萝卜素，对眼睛很有好处，还有稳定情绪、降压补脑、缓解记忆力减退的功效。

砂锅鱼头

82 千卡 蛋白质 铁

原料： 鱼头1个，冻豆腐200克，香菇3朵，香菜段、葱丝、姜丝、盐、料酒各适量。

做法： ❶ 鱼头洗净，剖成两半，撒盐腌制；香菇、冻豆腐切块。❷ 油锅烧热，放葱丝、姜丝煸炒，放鱼头煎至鱼皮呈金黄色，倒入料酒，加水没过鱼头，放香菇块、冻豆腐块，水开后转小火炖熟；调入盐，撒上香菜段即可。

营养功效： 鱼头中富含鱼油，能帮助胎宝宝感觉神经细胞顺利“入驻”脑部。鱼头含有丰富的不饱和脂肪酸，可促进孕妈妈的血液循环。

凉拌萝卜丝

34 千卡 胡萝卜素 维生素A 钙 铁

原料： 心里美萝卜1个，盐、酱油、醋、白糖、香菜段各适量。

做法： ❶ 将心里美萝卜洗净，去皮，放入清水中浸泡30分钟。❷ 取出后切成细丝，放入碗中，调入盐后搅匀，腌制15分钟。❸ 腌制后用手挤出萝卜丝里的水分，然后调入酱油、醋、白糖搅匀，最后撒上香菜段即可。

营养功效： 凉拌萝卜丝这道酸辣可口的凉拌小菜能为胎宝宝骨骼的快速生长提供钙质，超重的孕妈妈可以食用来控制体重。

银耳樱桃粥

31 千卡 胡萝卜素 维生素A 维生素C 钾 磷

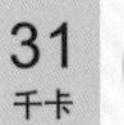

原料： 银耳20克，樱桃4颗，大米40克，冰糖适量。

做法： ❶ 银耳泡软，洗净，撕成片；樱桃洗净；大米洗净。❷ 锅中加适量清水，放入大米熬煮。❸ 待米粒软烂时，加入银耳和冰糖，稍煮，放入樱桃拌匀即可。

营养功效： 银耳樱桃粥香甜可口，樱桃富含胡萝卜素、维生素A、维生素C、钾等营养素，既可防治孕妈妈缺铁性贫血，又可增强体质，健脑益智，营养不增重，非常适合怕胖的孕妈妈食用。

豆腐馅饼

95 千卡 蛋白质 维生素C 铁

原料：豆腐 150 克，面粉 200 克，白菜 300 克，姜末、葱末、盐各适量。

做法：❶ 豆腐洗净，抓碎；白菜洗净，切碎，挤出水分；豆腐碎、白菜碎加入姜末、葱末、盐调成馅。❷ 面粉加水调成面团，分成十等份，每份擀成汤碗大的面皮。❸ 将馅分成 5 份，两张面皮中间放一份馅；再用汤碗一扣，去掉边沿，捏紧即成一个豆腐馅饼。❹ 将平底锅烧热，放适量油，将馅饼煎成两面金黄即可。

营养功效：豆腐馅饼外酥里嫩，可以让孕妈妈胃口大开。其中豆腐含丰富的植物蛋白质，能有效为胎宝宝生长发育提供营养。

豆角烧荸荠

61 千卡 蛋白质 维生素C 钙 铁

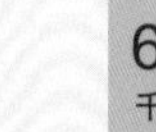 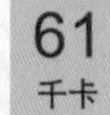     

原料：豆角 200 克，荸荠 100 克，牛肉 50 克，料酒、葱姜汁、盐、高汤各适量。

做法：❶ 荸荠削去外皮，切片；豆角斜切成段；牛肉切成片，用部分料酒、葱姜汁和盐腌制。❷ 油锅烧热，下入牛肉片炒至变色，下入豆角段炒匀，放入余下的料酒、葱姜汁，加高汤烧至将熟。❸ 下入荸荠片，炒匀至熟，加适量盐调味即可。

营养功效：豆角烧荸荠是营养不增重的好菜品，其中豆角中的有效物质有助于抑制碳水化合物分解，可减少热量的摄入，避免孕妈妈体重超标。

芦笋番茄

78 千卡 维生素B 维生素C 钙 锌

原料：芦笋 6 根，番茄 2 个，盐、香油、葱末、姜片各适量。

做法：❶ 番茄洗净，切片；芦笋去皮、洗净，焯烫后捞出，切成小段。❷ 油锅烧热，煸香葱末和姜片，放入芦笋段、番茄片一起翻炒。❸ 翻炒至八成熟时，加适量盐、香油，翻炒均匀即可出锅。

营养功效：芦笋番茄颜色鲜艳，易刺激食欲，还富含维生素 C，能改善便秘，还能促进胎宝宝对铁的吸收，孕妈妈食用不用担心会摄入太多热量。

苹果蜜柚橘子汁

 79 千卡  胡萝卜素  维生素A  维生素C  锌  钾

原料： 柚子2瓣，苹果半个，橘子1个，柠檬1片，蜂蜜适量。

做法： ❶ 柚子去皮去子，撕去白膜，取果肉；苹果洗净去皮及核，切块；橘子去皮、去子取果肉；柠檬挤汁。❷ 将上述材料全部放入榨汁机中，加入蜂蜜、温开水，搅打均匀取汁即可饮用。

营养功效： 苹果富含锌，有增进记忆力、提高孕妈妈免疫力的功效。多种水果搭配，能生津开胃，而且丰富的维生素C能提高身体的免疫力。

香椿苗拌核桃仁

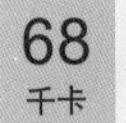 68 千卡  蛋白质  胡萝卜素  铁

原料： 核桃仁20克，香椿苗150克，盐、醋、香油各适量。

做法： ❶ 香椿苗择好后，洗净滤干水分；核桃仁用温开水浸泡后，去皮，压碎备用。❷ 将香椿苗、核桃仁碎、醋、盐和香油拌匀。如果想吃辣味的可以淋入少许辣椒油。

营养功效： 香椿苗拌核桃仁清爽适口，营养不增重。核桃可以有效补充胎宝宝大脑、视网膜发育所需的α-亚麻酸，还可以帮助孕妈妈润肠通便。

彩椒炒腐竹

 135 千卡  维生素A  钙  钾

原料： 黄甜椒、红甜椒各40克，腐竹1根，葱末、盐、水淀粉各适量。

做法： ❶ 黄甜椒、红甜椒洗净，切片；腐竹泡发切成段。❷ 油锅烧热，放入葱末煸香，再放入黄甜椒片、红甜椒片、腐竹段翻炒。❸ 放入水淀粉勾芡，加盐调味。

营养功效： 腐竹含钙丰富，黄甜椒和红甜椒富含的维生素则能促进钙的吸收，所以彩椒炒腐竹对胎宝宝乳牙牙胚的发育有好处。同时这道菜品的热量不是很高，适合想要预防体重增长过快的孕妈妈食用。

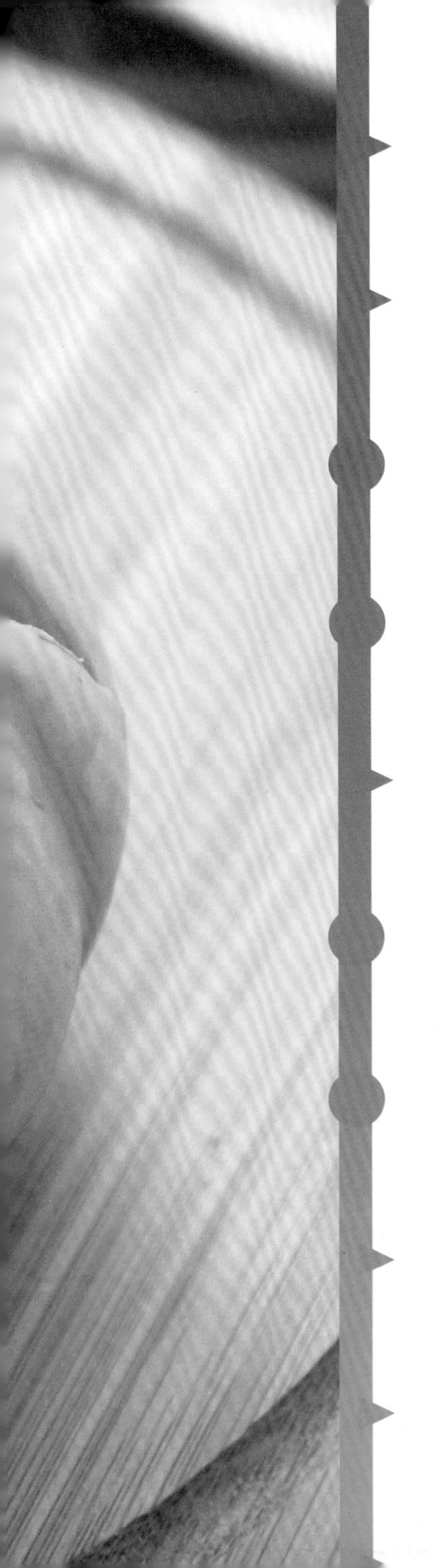

孕6月

孕 6 月，孕妈妈的体重会在均衡的营养摄入下稳步攀升，但还是要适度运动，多散散步，也可以做做简单的家务，这样不仅可以让自己的身体更加灵活，还能起到控制体重的目的。

增重对比

胎宝宝只有约 3 根香蕉的重量

孕妈妈已经长出了 1 个西瓜的重量

行动也变得越来越不方便了

孕6月 长胎不长肉饮食方案

孕6月，孕妈妈的腹部越来越大，已经是典型的孕妇体形。饮食上，孕妈妈不但要适当增加鱼、禽、蛋、肉、奶的量，还要注意这些食物的均衡搭配，另外还应增加食用富含维生素A的食物，以满足胎宝宝眼睛发育所需。

1 全麦制品能有效控制体重

专家建议孕妈妈吃一些全麦饼干、麦片粥、全麦面包等全麦食品。全麦制品因富含膳食纤维，可以让孕妈妈有饱腹感，保持充沛的精力，降低孕妈妈的食欲，促进体内废物排出，以此来帮助孕妈妈达到控制体重的目的。

2 良好的饮食习惯可以避免体重飙升

有的孕妈妈喜欢边看电视边吃零食，不知不觉吃进了大量的食物。这个饮食习惯很不好，容易造成营养过剩，导致脂肪堆积，使体重迅速增长。孕妈妈要注意饮食有规律，控制食量且按时进餐。如果孕妈妈总感觉饿，想要吃零食，可以选择一些热量较低的蔬菜和水果，制成沙拉来吃。

孕6月热量摄入计划

孕6月，孕妈妈可以适当增加食物量，以满足孕中后期增加的营养素需求，但要控制好摄入的热量。本月，孕妈妈依旧保持每天摄取2 100~2 200千卡。

450千卡 早餐 + **150千卡** 加餐 + **700千卡** 午餐 +

腰果炒芹菜 75千卡

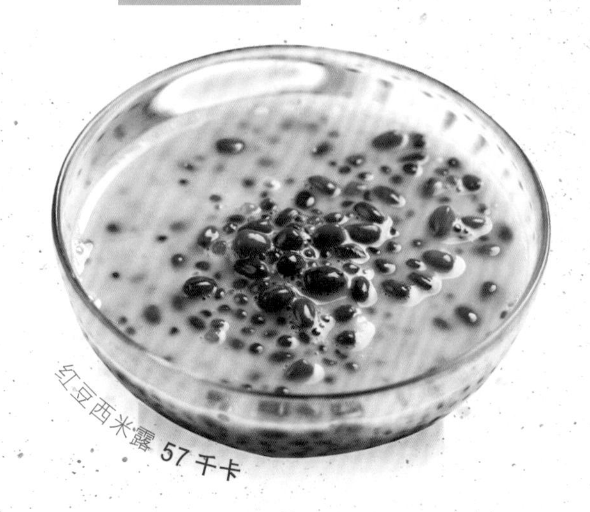
红豆西米露 57千卡

3 不要刻意节食

有些年轻的孕妈妈怕孕期吃得太胖影响身材，或担心胎宝宝太胖，出现分娩困难等，为此常常节制饮食，其实这种做法对自身和胎宝宝都十分不利。女性怀孕以后，新陈代谢变得旺盛起来，与妊娠有关的组织和器官也会增重。女性孕期要比孕前增重 11 千克左右，所以孕妈妈体重的增加只要是合理的，大可不必担心和控制。

孕妈妈摄入的营养是决定胎宝宝生命力的重要因素，营养供给不足，就会带来严重后果。如缺少钙、磷等元素，就会影响胎宝宝骨骼、牙齿的生长发育；缺乏维生素，免疫力会下降，影响胎宝宝健康生长发育，甚至导致发育不全。因此孕妈妈要合理饮食，讲究荤素搭配、营养均衡，不要暴食也不要节食。

孕6月 体重计划

孕 6 月每周体重增长不宜超过 350 克，孕妈妈主食以米面和杂粮搭配食用，副食要全面多样、荤素搭配。做到不挑食、不偏食。

- 可以吃些润肠通便的食物，如红薯、苹果、燕麦、芹菜等能促进肠胃蠕动，对排便、瘦身都有帮助。
- 孕中期是孕妈妈旅游的最佳时间，到外面走一走，可以消耗多余的能量，有益于控制体重。
- 可以根据自己的身体条件逐渐增加走路长度，但千万不要过度运动。
- 分析孕 5 月的体重记录，体重增长过快跟体重增长过慢都不利于自己和胎宝宝健康，如果体重不增长也要去医院检查。
- 除了每天测量、记录体重外，还可以量一量自己的宫高和腹围，综合这三方面衡量，能更好地判断体重是否合理增长。

孕 6 月的营养素需求

随着胎宝宝的个头增大，孕妈妈对各种营养素的需要量增加，保证规律饮食的同时，也要注意补充维生素 A 和维生素 C。

促进胎宝宝视力发育

提高孕妈妈的抵抗力

对胎宝宝神经系统发育有帮助

150 千卡 加餐 + **650 千卡** 晚餐 = **2 100 千卡**

孕妈妈要避免摄入高盐食物，否则易导致水肿

鲜虾芦笋 73 千卡

牛奶和奶制品富含蛋白质，同时也是钙的良好来源，从孕中期开始孕妈妈每天应至少喝 250 毫升的牛奶，以满足胎宝宝牙齿发育的需要。

吃不胖的 6 种食物

到了孕6月，孕妈妈如果吃得过多或饮食过于油腻会很容易使体内脂肪蓄积过多，增加孕妈妈发生妊娠高血压、妊娠糖尿病等疾病的风险。以下6种食物，既可以吃得放心，又不会让孕妈妈增加过多热量。

胡萝卜 30 千卡

胡萝卜中的胡萝卜素在体内能够转化为维生素 A，有助于增强机体的免疫功能，为孕育健康的胎宝宝提供前提条件。胡萝卜也富含叶酸和膳食纤维，可以帮助孕妈妈控制体重。

主打营养素

• 胡萝卜素 • 维生素 A • 钾 • 钠

推荐食谱

• 胡萝卜玉米粥(见 P108)

胡萝卜可补肝明目，清热解毒

莴笋 15 千卡

莴笋富含钾、铁等矿物质和膳食纤维，能够调节体内盐的平衡，预防水肿型肥胖，同时还有利于身体排毒，能有效控制孕妈妈体重的增长。

主打营养素

• 胡萝卜素 • 维生素 A • 磷 • 钾 • 铁

推荐食谱

• 莴笋猪肉粥(见 P109)

莴笋可预防水肿型肥胖

金针菇 32 千卡

金针菇富含氨基酸、膳食纤维和锌，对胎宝宝的大脑发育很有益。同时金针菇中的膳食纤维有助于肠胃蠕动，不会让孕妈妈体重飙升。

主打营养素

• 胡萝卜素 • 维生素 A • 磷 • 钾 • 锌

推荐食谱

• 双鲜拌金针菇(见 P104)

金针菇具有高蛋白质、低脂肪的特点

橙子 48 千卡

橙子有生津止咳、疏肝理气的功效。其热量低，含有天然糖分，是代替糖果、蛋糕、曲奇等甜品的好选择，适合嗜甜又要控制体重的孕妈妈食用。

主打营养素

- 维生素 C • 胡萝卜素 • 钙 • 钾

推荐食谱

- 蜂蜜芒果橙汁（见 P109）

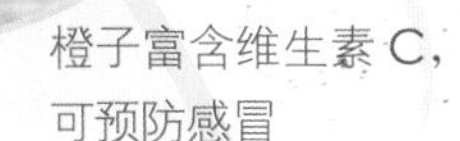

橙子富含维生素 C，可预防感冒

酸奶 72 千卡

酸奶以牛奶为原料，不仅保留了富含钙质、蛋白质等优点，而且其含有的乳酸菌可减少肠道中的毒素聚集。同时酸奶可以润肠通便，对孕妈妈瘦身有一定帮助。

主打营养素

- 蛋白质 • 磷 • 钠 • 钙 • 钾

推荐食谱

- 水果酸奶吐司（见 P108）

菠萝虾仁烩饭香甜可口，可增强食欲

酸奶可润肠通便

圆白菜 24 千卡

圆白菜富含维生素 C、叶酸和钾，具有防衰老、抗氧化的效果，圆白菜热量低，是需要控制体重增长的孕妈妈的好选择。

主打营养素

- 胡萝卜素 • 维生素 C • 钙 • 钾

推荐食谱

- 芝麻圆白菜（见 P102）

常吃圆白菜营养又瘦身

减少外出就餐次数

部分餐厅提供的食物多油、多盐、多糖、多味精，孕妈妈尽量少吃。

孕 6 月 营养又不胖的食谱

紫薯银耳松子粥

55 千卡 维生素A 硒 铁

原料: 紫薯 50 克，大米 30 克，松子仁 10 克，银耳 20 克，蜂蜜适量。

做法: ❶ 用温水泡发银耳，撕小朵；将紫薯去皮，切成方丁备用。❷ 锅中加水，将淘洗好的大米放入其中，大火烧开后，放入紫薯丁，再烧开后改小火。❸ 往锅中放入泡发的银耳。❹ 待大米煮至开花时，撒入松子仁。❺ 放温后调入蜂蜜即可。

营养功效: 紫薯银耳松子粥具有润肠通便的功效，能帮助孕妈妈预防便秘。其中紫薯营养价值高，有排毒功效，可以增强孕妈妈身体免疫力。

桑葚汁

  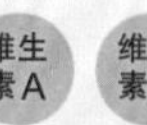  

31 千卡 胡萝卜素 维生素A 维生素E 钙 磷

原料: 桑葚 100 克，冰糖适量。

做法: ❶ 桑葚洗净后放入锅中，倒入 3 倍的水，大火煮开后转中小火；煮的过程中，用勺子或铲子碾碎果肉。❷ 根据个人口味，加几块冰糖同煮 5~10 分钟。

营养功效: 桑葚汁色泽红艳，酸甜可口，消食开胃，可以增进食欲，可帮助孕妈妈和胎宝宝摄入胡萝卜素、维生素 E、钙、磷等营养素并顺利消化、吸收，是一款营养又瘦身的健康饮品。

鸡肝枸杞汤

51 千卡 蛋白质 维生素C 钙 铁

原料: 鸡肝 100 克，菠菜 50 克，竹笋 2 根，枸杞子 5 克，高汤、料酒、盐、藕粉各适量。

做法: ❶ 将竹笋洗净、切片；菠菜择洗干净，焯水，切段；鸡肝洗净，切片。❷ 在高汤内加入枸杞子、鸡肝片和笋片同煮。❸ 将熟时加藕粉使汤成胶黏状，并加适量盐和料酒，最后加入菠菜段即可。

营养功效: 鸡肝和枸杞子可以很好地为孕妈妈补血，以供胎宝宝发育；菠菜富含维生素 C、蛋白质、铁等营养素，且热量低，对消除水肿也很有效，是很好的瘦身食物。

老北京鸡肉卷

原料: 面团 100 克，鸡肉条 80 克，胡萝卜丝、黄瓜条、生菜各 40 克，葱丝、蚝油、生抽、老抽、料酒、甜面酱各适量。

做法: ❶ 将鸡肉条用蚝油、生抽、老抽、料酒腌制 20 分钟；生菜洗净。❷ 油锅烧热，放入腌好的鸡肉条，炒熟盛出。❸ 将面团擀成薄面皮，烙熟。❹ 饼上摆生菜、鸡肉条、胡萝卜丝、黄瓜条、葱丝、甜面酱，卷起即可。

营养功效: 香嫩且富含蛋白质的鸡肉配上脆爽的黄瓜、胡萝卜、生菜，营养丰富均衡，对胎宝宝各个器官的发育均有好处，还利于孕妈妈控制体重。

香菇肉粥

原料: 大米 50 克，猪肉末 80 克，香菇、芹菜、酱油各适量。

做法: ❶ 将香菇洗净切片；芹菜洗净切末；肉末加入酱油拌匀。❷ 油锅烧热，放入肉末、香菇片、芹菜末，大火快炒至熟，盛出。❸ 大米放入锅内，加水煮至半熟，倒入香菇片、芹菜末、肉末，再用中火煮熟。

营养功效: 香菇肉粥鲜美可口，可提高孕妈妈和胎宝宝的抵抗力，并有开胃的作用。蛋白质丰富的猪肉搭配清香的芹菜、富含多种维生素的香菇，使孕妈妈瘦身、享受美食两不耽误。

粉蒸排骨

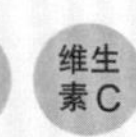

原料: 排骨 150 克，红薯半个，豆瓣酱、老抽、蒜末、白糖、盐、蒸肉米粉各适量。

做法: ❶ 排骨洗净，斩长段；红薯去皮洗净，切块。❷ 豆瓣酱、老抽、蒜末、白糖、盐加入排骨中，腌 20 分钟，倒入蒸肉米粉，使排骨均匀裹上米粉。❸ 碗内垫一层红薯块，将排骨铺上，大火蒸 50 分钟即可。

营养功效: 排骨、红薯二者搭配，营养均衡全面，且蒸食可以减少脂肪的摄入。

花生排骨粥

75 千卡 

原料: 大米 50 克，排骨 200 克，花生 20 克，盐、香油、香菜末各适量。

做法: ❶ 大米洗净，清水浸泡 2 小时；排骨斩块，汆水沥干。❷ 汤锅置于火上，放足量的水，放入大米、排骨块、花生，大火烧开后改用小火煮 1 小时。❸ 煮至米烂成粥，排骨酥软，加入盐，搅拌均匀。❹ 食用时淋上香油，撒上香菜末即可。

营养功效: 排骨能提供充足的能量，与花生同煮，还能促进蛋白质的吸收，孕妈妈食用后不用担心体重飙升。

烤鱼青菜饭团

119 千卡 

原料: 米饭 100 克，熟鳗鱼肉（鳗鱼肉用微波炉烤脆而成）150 克，青菜叶 50 克，盐适量。

做法: ❶ 将熟鳗鱼肉用盐抹匀，切末；青菜叶洗净切丝。❷ 青菜丝、熟鳗鱼肉末拌入米饭中。❸ 取适量米饭，根据喜好捏成各种形状的饭团。❹ 平底锅放适量油烧热，将捏好的饭团稍煎即可。

营养功效: 烤鱼青菜饭团富含蛋白质、脂肪、钙、磷等营养素，是孕妈妈长胎不长肉的美味佳肴。

芝麻圆白菜

57 千卡 

原料: 圆白菜 200 克，黑芝麻 10 克，盐适量。

做法: ❶ 用小火将黑芝麻不断翻炒，炒出香味时出锅；圆白菜洗净，切粗丝。❷ 油锅烧热，放入圆白菜，翻炒几下，加盐调味，炒至圆白菜熟透发软，撒上黑芝麻即可。

营养功效: 圆白菜富含叶酸和膳食纤维；黑芝麻含有丰富的蛋白质、碳水化合物和维生素 E、维生素 B_1 等，有补钙、降血压、润肠通便的功能。而且此菜品制作简单，热量低，孕妈妈可经常食用。

鹌鹑蛋烧肉

179 千卡　蛋白质　卵磷脂　钙

原料: 鹌鹑蛋15个，猪瘦肉200克，酱油、白糖、盐各适量。

做法: ❶ 猪瘦肉汆水后洗净，切丁；鹌鹑蛋煮熟剥壳，入油锅中炸至金黄，捞出。❷ 再起油锅将猪瘦肉丁炒至变色，加酱油、白糖、盐调味，加清水煮，待汤汁烧至一半时，加入鹌鹑蛋，大火收汁。

营养功效: 鹌鹑蛋有“卵中佳品”之称，含有丰富的卵磷脂、蛋白质，对孕妈妈有强筋健骨、补气益血的功效；猪瘦肉可以预防孕妈妈贫血，同时也有滋补功效。

菠萝虾仁烩饭

143 千卡　蛋白质　维生素A　维生素C　钾　磷

原料: 虾仁100克，豌豆50克，米饭200克，菠萝半个，蒜末、盐、香油各适量。

做法: ❶ 虾仁洗净；菠萝取果肉，切小丁；豌豆洗净，入沸水焯熟。❷ 油锅烧热，爆香蒜末，加入虾仁炒至八成熟，加豌豆、米饭、菠萝丁快炒至饭粒散开，加盐、香油调味即可。

营养功效: 菠萝虾仁烩饭营养又开胃，富含维生素A、维生素C、磷的菠萝有利尿消肿、减肥瘦身的功效，可以帮助孕妈妈控制体重；虾仁味道鲜美，对孕妈妈有补益的功效。

开心果百合虾

原料: 虾仁250克，鲜百合50克，开心果仁40克，蛋清半个，姜片、蒜片、水淀粉、盐各适量。

做法: ❶ 虾仁中加水淀粉、盐、蛋清腌制5分钟。❷ 百合掰瓣、洗净，入沸水焯烫。❸ 油锅烧热，爆香姜片、蒜片，滑入虾仁，翻炒均匀后下入百合，可以适量地淋入薄薄的水淀粉，调入半勺盐，最后撒上剥去皮的开心果仁即可。

营养功效: 开心果百合虾营养美味，颜色搭配上也很好看，可以提高孕妈妈的食欲，同时可以促进胎宝宝骨骼发育。

蛤蜊白菜汤

原料：蛤蜊250克，白菜100克，姜片、盐、香油各适量。

做法：❶清水中滴入少许香油，将蛤蜊放入，让蛤蜊彻底吐净泥沙，冲洗干净，备用；白菜洗净，切块。❷锅中放水、盐和姜片煮沸，把蛤蜊和白菜一同放入。❸转中火继续煮，蛤蜊张开壳、白菜熟透后即可关火。

营养功效：蛤蜊白菜汤清淡可口，蛋白质、钾、锌含量丰富，可促进胎宝宝四肢及消化系统的发育。其中蛤蜊对孕妈妈有消水肿的功效；白菜有润肠、排毒的功效，因热量低，孕妈妈多吃也不用担心长胖。

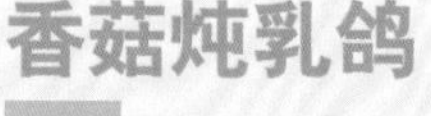

香菇炖乳鸽

原料：乳鸽1只，香菇2朵，木耳10克，山药50克，红枣4颗，枸杞子、姜片、盐各适量。

做法：❶香菇洗净，切花刀；木耳泡发后洗净，掰小朵；山药削皮，切块。❷乳鸽入沸水中汆去血水。❸砂锅放水烧开，放入姜片、红枣、香菇、乳鸽，小火炖1小时；放入枸杞子、木耳、山药块，炖20分钟，加盐调味即可。

营养功效：香菇炖乳鸽食材丰富，营养均衡。有降血压、降血脂的香菇、润肺养胃的木耳、消渴生津的山药、改善血液循环的乳鸽，对孕妈妈来说这道菜品有很好的滋补功效。

双鲜拌金针菇

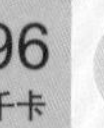

原料：金针菇、鲜鱿鱼、熟鸡胸肉各100克，姜片、盐、高汤、芝麻油各适量。

做法：❶金针菇洗净，去根，入沸水锅中焯熟后捞出。❷将鲜鱿鱼去净外膜，切成细丝，与姜片一并下沸水锅汆熟，捞起，拣去姜片，放入金针菇碗内。❸将熟鸡胸肉切成细丝，下沸水锅汆热，捞出后沥去水，放入同一碗内。❹往碗内加高汤、盐、芝麻油拌匀，装盘即成。

营养功效：金针菇有低热量、高蛋白、低脂肪的特点，食用可以降低胆固醇、抵抗疲劳，还可以促进胎宝宝智力发育；鱿鱼热量低，适合怕胖的孕妈妈食用。

橄榄菜炒四季豆

69 千卡  蛋白质  维生素A  磷

原料: 四季豆 400 克，橄榄菜 50 克，葱花、盐、香油各适量。

做法: ❶ 将四季豆洗净，切段；橄榄菜切碎。❷ 油锅烧热，爆香葱花，下入四季豆段和橄榄菜碎翻炒。❸ 快要炒熟时，用盐、香油调味即可。

营养功效: 四季豆富含膳食纤维，可促进孕妈妈肠胃蠕动，起到清胃涤肠的作用，很适合便秘的孕妈妈食用；橄榄菜富含蛋白质、维生素 A、铁，有开胃消食、帮助消化的作用。

牛奶梨片粥

46 千卡  蛋白质 维生素C  钙

原料: 大米 20 克，牛奶 250 毫升，鸡蛋 1 个，梨 1 个，柠檬、白糖各适量。

做法: ❶ 梨去皮、去核，切厚片，加白糖蒸 15 分钟。❷ 柠檬取汁，淋在梨片上。❸ 将牛奶烧沸，放入大米和适量水熬煮成稠粥，打入鸡蛋搅散，熟后放梨片即可。

营养功效: 牛奶梨片粥不仅营养丰富，还可以补气血、润肠通便，能帮助孕妈妈预防便秘，提升身体的免疫力，同时还有助于孕妈妈控制体重。

糯米麦芽团子

158 千卡  蛋白质 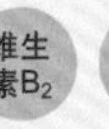 维生素B_2  维生素E  钙  铁

原料: 糯米粉、小麦芽各 100 克，黄瓜片、圣女果各适量。

做法: ❶ 将小麦芽洗净，晾干，然后磨成粉；圣女果对半切开。❷ 将糯米粉、小麦芽粉加水和成面团，捏成大小适宜的团子，蒸熟装盘，摆上黄瓜片、圣女果装饰即可。

营养功效: 糯米麦芽团子口感香糯黏滑，有健脾暖胃的功效，其中小麦芽富含维生素 E、亚油酸、亚麻酸等营养素，对促进胎宝宝生长发育十分有益。

椰味红薯粥

67 千卡

磷

原料：大米100克，红薯1个，花生50克，椰子1个，白糖适量。

做法：❶ 大米洗净；红薯洗净、去皮、切块。❷ 先将花生泡透，然后放入锅中，加入清水煮熟；大米与红薯块一同放入锅中，煮至熟透。❸ 椰子倒出椰汁，取椰肉，切成丝；把椰子丝、椰奶汁与熟花生一起倒入红薯粥里，放适量白糖搅拌均匀。

营养功效：椰味红薯粥香甜可口，含有丰富的膳食纤维，可促进肠道蠕动，孕妈妈食用不必担心会影响身材。

蜜烧双薯丁

136 千卡

钙

原料：红薯1个，紫薯100克，冰糖、熟芝麻、淀粉各适量。

做法：❶ 将红薯、紫薯分别洗净去皮，切厚片，裹上淀粉。❷ 油锅烧热，放红薯片、紫薯片慢煎至焦黄盛出。❸ 锅洗净，放入冰糖，并加入一点水，煮至冰糖溶化冒泡，糖色开始变黄后，转小火，并倒入煎好的红薯片和紫薯片，晃动锅，使糖汁裹匀，撒上熟芝麻即可。

营养功效：蜜烧双薯丁口感香甜，富含膳食纤维，可保持孕妈妈消化系统的健康，为胎宝宝提供充足的营养。

荠菜黄鱼卷

113 千卡

蛋白质

原料：荠菜25克，油豆皮50克，黄鱼肉100克，干淀粉、料酒、盐、蛋清各适量。

做法：❶ 荠菜洗净，切末；用部分蛋清与干淀粉调成稀糊备用。❷ 将黄鱼肉切细丝，同荠菜末、剩下的蛋清、料酒、盐混合成肉馅。❸ 将馅料包于油豆皮中，卷成长卷，抹上稀糊，放入油锅中煎熟，切成小段即成。

营养功效：荠菜双鱼卷富含蛋白质、维生素和膳食纤维，是孕妈妈的滋补佳肴，食用后，不会给孕妈妈增加太多热量。

小米鸡蛋粥

65 千卡 蛋白质 钙 铁

原料：小米 50 克，鸡蛋 2 个，红糖适量。

做法：❶ 将小米淘洗干净；鸡蛋打散。❷ 将小米放入锅中，加适量清水，大火煮开，转小火煮至将熟，淋入蛋液，调入红糖，稍煮即可。

营养功效：小米鸡蛋粥营养不增重，孕妈妈食用后不用担心会影响身材。其中小米的营养价值很高，含有蛋白质、脂肪及维生素等营养素，可温补脾胃，保证孕妈妈在孕期有个好胃口，也保证了胎宝宝的营养需求。

鲜虾芦笋

73 千卡 蛋白质 维生素A 钙 碘 镁

   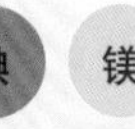

原料：虾 12 只，芦笋 10 根，鸡汤 50 毫升，姜片、盐、淀粉、蚝油各适量。

做法：❶ 将虾去壳、去虾线，洗净后抹干，用盐、淀粉拌匀。❷ 芦笋切长条，焯水沥干。❸ 油锅烧热，中火炸熟虾仁，捞起滤油；用锅中余油爆香姜片，加虾仁、鸡汤、盐、蚝油炒匀，出锅浇在芦笋上即可。

营养功效：虾含丰富的钙、碘、镁、磷等矿物质，吃起来松软，易消化，对孕妈妈有补益功效；芦笋富含膳食纤维，能通便排毒，且热量低，可以帮助孕妈妈控制体重。

香菇豆腐塔

84 千卡 蛋白质 铁 钙

原料：豆腐 250 克，香菜 1 棵，香菇 3 朵，香菜叶、盐各适量。

做法：❶ 豆腐洗净，切成四方小块，中心挖空备用。❷ 香菇和香菜洗净后一起剁碎，加入适量的盐拌匀成馅料。❸ 将馅料填入豆腐中心，摆盘蒸熟，撒上香菜叶点缀即可。

营养功效：香菇豆腐塔外形特别，可增强孕妈妈食欲。豆腐富含易被人体吸收的钙，与香菇搭配美味又营养、低脂又健康。

胡萝卜玉米粥

65 千卡 

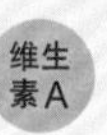

原料：玉米粒60克，胡萝卜半根，大米50克。

做法：❶ 将玉米粒洗净；胡萝卜洗净，去皮，切成小块，备用。❷ 将大米洗净，用清水浸泡30分钟。❸ 将大米、胡萝卜块、玉米粒一同放入锅内，加适量清水，大火煮沸，转小火熬煮成粥即可。

营养功效：胡萝卜玉米粥有清热解毒、降压利尿、健脾和胃的功效，其中富含的膳食纤维还可以很好地解决孕妈妈便秘的问题。胡萝卜富含维生素A，能促进胎宝宝视力的发育。

红豆西米露

57 千卡 

钾 

原料：红豆50克，牛奶200毫升，西米、白糖各适量。

做法：❶ 红豆提前泡一晚上。❷ 锅中放水煮沸，放入西米，煮到西米中间剩下个小白点，关火闷10分钟。❸ 过滤出西米，加入牛奶放冰箱中冷藏半小时；红豆加水煮开，直到红豆变软，煮好的红豆沥干水分，加入白糖拌匀。❹ 把做好的红豆和牛奶西米拌匀，香滑的红豆西米露就做好了。

营养功效：红豆西米露既营养健康又不易增肥。红豆的铁质含量相当丰富，具有很好的补血功能；西米有温中健脾、治疗消化不良的作用。

水果酸奶吐司

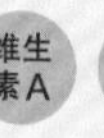

原料：低脂酸奶150毫升，全麦吐司2片，蜂蜜、草莓、哈密瓜、猕猴桃各适量。

做法：❶ 吐司切成方丁；将所有水果洗净，去皮，切成小丁。❷ 将酸奶盛入碗中，调入适量蜂蜜，再加入吐司丁、水果丁搅拌即可。

营养功效：水果酸奶吐司制作简单，食材丰富，营养全面。酸甜的口感可以提高孕妈妈的食欲，还能摄取到丰富的维生素，孕妈妈食用可以美容养颜，健康瘦身。

莴笋猪肉粥

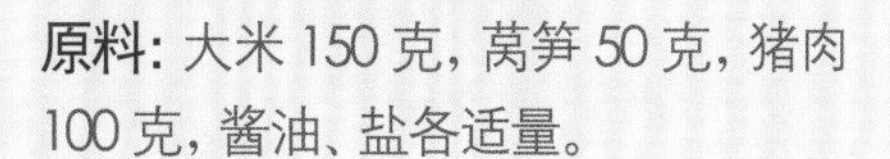

原料：大米 150 克，莴笋 50 克，猪肉 100 克，酱油、盐各适量。

做法：❶ 莴笋去皮、洗净，切细丝；大米洗净；猪肉洗净，切成末，加少许酱油、盐，腌制 10~15 分钟。❷ 锅中放入大米，加适量清水，大火煮沸，加入莴笋丝、猪肉末，改小火煮至米烂时，加盐搅匀即可。

营养功效：莴笋含维生素 C、蛋白质、膳食纤维、钾、磷、铁等营养素，具有通便利尿的功效。与猪肉一起制作成粥，清淡爽口，热量也不高，孕妈妈食用后不用担心会增肥。

腰果炒芹菜

原料：芹菜 200 克，红甜椒 20 克，腰果 40 克，盐、白糖各适量。

做法：❶ 芹菜洗净，切段；红甜椒洗净，切片。❷ 锅内放油，开小火马上放入腰果炸至酥脆捞起放凉。❸ 将油倒出一半，烧热后放入红甜椒片及芹菜段，大火翻炒。❹ 放入盐、白糖，炒匀后盛出，撒上腰果。

营养功效：孕妈妈适当摄入一些坚果，有利于胎宝宝大脑的发育，还能补充体力、消除疲惫，怕胖的孕妈妈可少放或不放白糖。

蜂蜜芒果橙汁

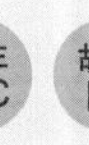

原料：芒果半个，橙子 1 个，蜂蜜适量。

做法：❶ 将芒果沿芒果核切开，去核，用水果刀在果肉上划若干交叉线，抓住两端翻面，取出芒果果肉块。❷ 橙子取果肉，切块，与芒果果肉块一同放入榨汁机中，加入 150 毫升纯净水，搅打 30 秒左右。❸ 加入蜂蜜即可饮用。

营养功效：蜂蜜芒果橙汁含有丰富的 β- 胡萝卜素、维生素 C 等营养成分，孕妈妈常喝可有效护肤的。

孕7月

进入孕7月，胎宝宝越来越大，孕妈妈的肚子也更大了，像个圆圆的皮球，为了防止体重增加过快，要坚持在家人的陪同下经常运动。在饮食方面，孕妈妈要保持食物多样化，以保证营养的均衡摄入。

增重对比

胎宝宝已经和1个成熟的木瓜差不多重了
孕妈妈仍要控制，到本月，体重增长
不宜超过10千克

孕 7 月 长胎不长肉饮食方案

进入了孕 7 月，孕妈妈的肚子越来越大，此时越来越多的孕妈妈容易出现水肿症状。对此，孕妈妈要注意调整饮食，在保证蛋白质和维生素的摄入同时，也要清淡饮食，同时多休息对消水肿也很有帮助。

1 宜吃利尿、消水肿的食物

孕妈妈每天坚持进食适量的蔬菜和水果，可以提高机体抵抗力，加强新陈代谢，因为蔬菜和水果中含有人体必需的多种维生素和矿物质，有利于减轻妊娠水肿的症状。冬瓜、西瓜、荸荠以及鲫鱼、鲤鱼都有利尿消肿的功效，经常食用能改善妊娠水肿，有利于控制体重。

2 清淡肉汤利于控制体重

有的孕妈妈为加强营养，在吃肉喝汤的同时也摄入了大量的脂肪，营养物质不见得被充分吸收，反而使体重增长过快，增加了患妊娠高血压疾病、妊娠糖尿病等并发症的风险。建议孕妈妈煲汤时选用鸭肉、鱼肉、牛肉等脂肪含量低又易消化的食物，同时加入一些蔬菜也可有效减少油腻，利于营养物质的吸收。

孕 7 月热量摄入计划

孕 7 月，孕妈妈的主食最好是米面和杂粮搭配，副食则要全面多样、荤素搭配。每天摄入的热量最好不要超过 2 200 千卡。

450 千卡 早餐 + **200 千卡** 加餐 + **700 千卡** 午餐 +

丝瓜金针菇 37 千卡

熘苹果鱼片 99 千卡

3 宜用蔬菜条解决问题

孕妈妈嘴馋的时候，可能总想着甜点或是薯片等零食。孕妈妈可以将黄瓜和胡萝卜切成条当零食吃，除了能帮助孕妈妈补充一天的蔬菜量，还可以减少多余热量的摄入。红薯干、玉米块、山药块都可以做成小零食，作为甜点的替代品。

4 饥饿感来袭，更要注意吃

孕 7 月，孕妈妈会更容易感到饥饿，此时更要控制吃，晚上睡前不要吃饼干，通常饼干中奶油和糖含量都很高，随便吃些就易发胖，孕妈妈可以吃半块苹果或者蔬菜条来缓解饥饿。平时吃坚果要适量，因为坚果中油脂含量较高，吃多了会导致脂肪堆积，孕妈妈可以吃一些煮熟的豆类，能增强饱腹感。

孕7月 体重计划

孕 7 月，孕妈妈每周的体重增长不宜超过 350 克，本月胎宝宝脂肪迅速累积，并进入体重增长期，同时孕妈妈的体重也会随之增长。

- 体重增长过快的孕妈妈睡前不要吃夜宵，否则容易囤积脂肪。
- 不要选择油腻、含糖量高的食物作为零食。
- 避免久坐不动，以免下半身血液循环受阻，加重便秘和下肢肿胀，同时增加了瘦身的难度。
- 注意米面和粗粮的搭配，保证营养摄入不过量。
- 适当吃一些如冬瓜、鲫鱼、红豆这类消水肿的食物，减轻水肿的同时也便于控制体重。
- 合理安排饮食，少吃多餐，并且每餐只吃七八分饱。
- 孕妈妈可以做点强化腰部肌肉的运动练习，既可以缓解腰部紧张和疼痛，又可以控制体重过快增长，还可以为分娩做准备。

孕 7 月的营养素需求

这个月胎宝宝的生长、孕妈妈的细胞修复等都需要蛋白质和能量，因此，孕妈妈要用正确的方式及时补充所需的营养素。

胎宝宝发育的“原材料”

胎宝宝大脑发育的必需营养

200 千卡 加餐 + 650 千卡 晚餐 = **2 200 千卡**

饮食上适当控制高脂、高糖食物，以减少过多热量的摄入

三丝牛肉 132 千卡

难消化或易胀气的食物，如油炸的糯米糕，易加重水肿，要尽量少吃。冬瓜、萝卜有消水肿的作用，孕妈妈可适当多吃。

吃不胖的6种食物

本月，孕妈妈体重不断上升，走起路来都气喘吁吁，但也不能因为担心体重超标而节食，以下6种食物可以帮助孕妈妈通过饮食来提高免疫力，同时，不用担心体重会飙升。

鱿鱼 75 千卡

富含钙、磷、铁等营养素的鱿鱼，有预防贫血、提高免疫力的功效，还含有大量的牛磺酸，食用后可缓解疲劳、改善孕妈妈的肝脏功能。

主打营养素

- 蛋白质 • 维生素 A • 钙 • 锌

推荐食谱

- 木耳炒鱿鱼（见 P125）

鱿鱼有助于缓解疲劳

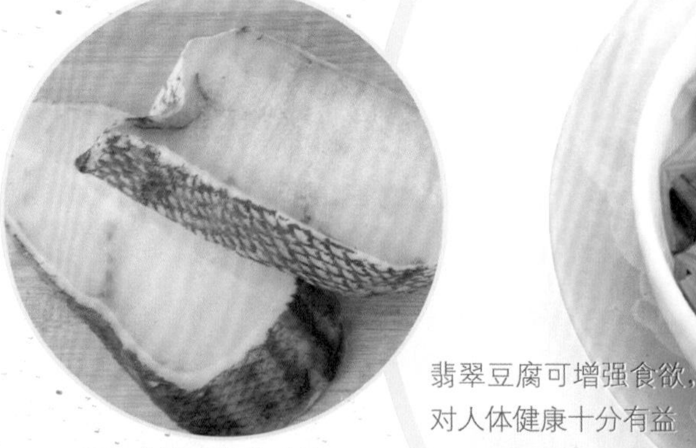

鳕鱼有降血糖的功效

翡翠豆腐可增强食欲，对人体健康十分有益

鳕鱼 88 千卡

鳕鱼含大量的蛋白质，以及丰富的维生素 D、维生素 A 和钙、镁等矿物元素，可以促进胎宝宝身体发育，而且鳕鱼脂肪含量极低，适合想要控制体重的孕妈妈食用。

主打营养素

- 蛋白质 • 维生素 D • 维生素 A • 钙 • 镁

推荐食谱

- 鳕鱼蛋饼（见 P119）

丝瓜 21 千卡

丝瓜口感滑嫩，味道清香，孕妈妈食用可以清热解毒、利尿消肿、解暑除烦。丝瓜热量较低，可以帮助控制孕期体重。

主打营养素

- 维生素 C • B 族维生素 • 磷 • 钾

推荐食谱

- 丝瓜金针菇（见 P116）

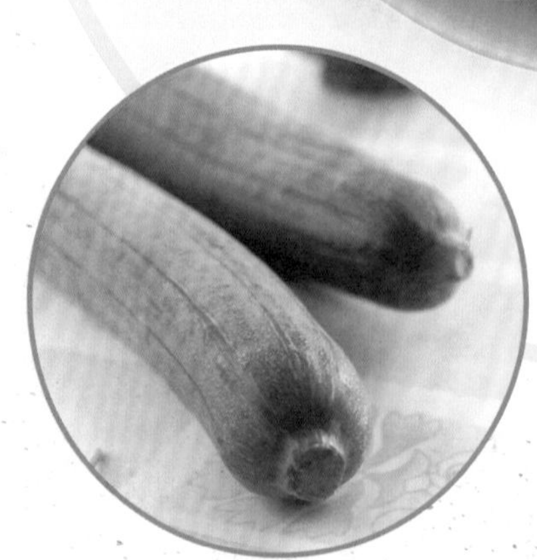

常吃丝瓜可润肤养颜

黄瓜 12 千卡

黄瓜利水消肿，可帮助孕妈妈缓解水肿，而且黄瓜中的丙醇二酸，可抑制糖类物质转变为脂肪，有减肥瘦身的功效，适合体重超标的孕妈妈经常食用。

主打营养素

- 维生素 E
- 胡萝卜素
- 磷
- 钙
- 钾

推荐食谱

- 猪肝拌黄瓜（见 P125）

黄瓜口感脆嫩，汁多味甘

茼蒿 28 千卡

鲜嫩爽口的茼蒿中含有丰富的维生素 A 和叶酸，有助于养胎。茼蒿还含有丰富的膳食纤维和胡萝卜素，帮助孕妈妈清理肠道的同时还有瘦身效果。

主打营养素

- 胡萝卜素
- 维生素 A
- 钾
- 钠
- 磷

推荐食谱

- 清炒茼蒿（见 P117）

气味芬香的茼蒿可消食开胃

茄子 23 千卡

茄子富含蛋白质、脂肪、碳水化合物、维生素以及多种矿物质，特别是维生素 P 的含量极其丰富，能增强毛细血管壁弹性。因为热量较低，怕胖的孕妈妈也可以放心食用。

主打营养素

- 蛋白质
- 维生素 P
- 磷
- 钙
- 钾

推荐食谱

- 肉末茄子（见 P125）

茄子宜低温、少油、少盐来烹制

孕 7 月 营养又不胖的食谱

核桃仁紫米粥

43 千卡 蛋白质 赖氨酸 维生素E 铁 钙

原料: 紫米、核桃仁各 50 克，枸杞子 10 克。

做法: ❶ 紫米洗净，清水浸泡 30 分钟；核桃仁拍碎；枸杞子拣去杂质，洗净。❷ 将紫米放入锅中，加适量清水，大火煮沸，转小火继续煮 30 分钟。❸ 放入核桃仁碎与枸杞子，继续煮至食材熟烂即可。

营养功效: 核桃仁紫米粥香甜可口，营养不易增重。核桃富含蛋白质、维生素 E 等营养素；紫米含叶酸、蛋白质、铁、钙等营养素，孕妈妈常吃可以健脾益胃、补血养血，既有助于健康，又因脂肪含量少，有瘦身效果。

青菜冬瓜鲫鱼汤

59 千卡 蛋白质 卵磷脂 胡萝卜素 钾

原料: 鲫鱼 1 条，青菜 50 克，冬瓜 100 克，盐、葱花各适量。

做法: ❶ 鲫鱼处理干净，切片；冬瓜洗净，去皮、去瓤，切片。❷ 油锅烧热，下鲫鱼煎炸至微黄，放入冬瓜片，加适量清水煮沸。❸ 青菜洗净切段，放入鲫鱼汤中，煮熟后加盐、葱花调味即可。

营养功效: 青菜、冬瓜热量低，孕妈妈食用此汤，不易长胖。此汤富含卵磷脂、蛋白质，能为胎宝宝的大脑发育提供必需营养素。

丝瓜金针菇

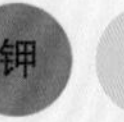

37 千卡 维生素C 钾 磷

原料: 丝瓜 150 克，金针菇 100 克，水淀粉、盐各适量。

做法: ❶ 丝瓜洗净，去皮，切段，加少许盐腌一下。❷ 金针菇洗净，放入开水中焯一下，迅速捞出并沥干水分。❸ 油锅烧热，放入丝瓜段，快速翻炒几下。❹ 放入金针菇同炒，加盐调味，出锅前加水淀粉勾芡。

营养功效: 丝瓜金针菇味道鲜美，颜色清淡宜人，增强孕妈妈食欲的同时，还有清热解毒、通便的作用，而且此菜品的热量低，不会使孕妈妈增加过多脂肪。

彩椒三文鱼粒

113 千卡 

原料：三文鱼、洋葱各 100 克，红甜椒、黄甜椒、青椒各 20 克，酱油、料酒、盐、香油各适量。

做法：❶ 三文鱼洗净，切丁，调入酱油和料酒拌匀，腌制备用；洋葱、黄甜椒、红甜椒和青椒分别洗净，切成丁。❷ 油锅烧热，放入腌制好的三文鱼丁煸炒，加入剩余食材和盐、香油，翻炒熟即可。

营养功效：彩椒三文鱼粒能进一步提高胎宝宝的智力和视力水平。其中三文鱼含有丰富的不饱和脂肪酸，可以降低孕妈妈的血中胆固醇。

熘苹果鱼片

99 千卡 

原料：黑鱼 1 条，苹果半个，胡萝卜 1 根，蛋清、料酒、盐、姜末、葱花各适量。

做法：❶ 黑鱼处理成鱼片，加料酒、蛋清、盐、姜末，给鱼片上浆，腌 10 分钟。❷ 将苹果、胡萝卜分别洗净，切成片。❸ 油锅烧热，下鱼片滑熟，盛出。❹ 留底油下胡萝卜片、苹果片翻炒，最后放入鱼片翻炒，加盐调味，撒上葱花即可。

营养功效：滑嫩的鱼片配上清香的苹果，营养美味又不会给孕妈妈增加过多脂肪。在胎宝宝大脑发育的关键期，熘苹果鱼片有助于胎宝宝智力发育。

清炒茼蒿

40 千卡 

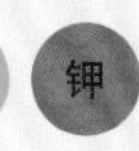

原料：茼蒿 200 克，盐、生抽、水淀粉各适量。

做法：❶ 茼蒿洗净，切段。❷ 油锅烧热，放入茼蒿段翻炒片刻。❸ 加入生抽、盐调味，最后用水淀粉勾芡即可。

营养功效：茼蒿可以缓解失眠，让孕妈妈保持旺盛的精力，同时，茼蒿富含膳食纤维，可以促进肠道蠕动，预防孕妈妈便秘。

腐竹玉米猪肝粥

58 千卡  

原料: 大米 150 克，猪肝、鲜腐竹各 50 克，玉米粒 60 克，盐适量。

做法: ❶ 鲜腐竹切段；大米、玉米粒洗净。❷ 猪肝洗净，汆烫后切成薄片，用盐腌制入味。❸ 将鲜腐竹段、大米、玉米粒一同放入锅中，加水熬煮至熟。❹ 加猪肝片稍煮，放盐调味即可。

营养功效: 猪肝中的矿物质铁，可以帮助孕妈妈补铁，预防贫血；玉米可以改善孕妈妈的消化不良，其中丰富的膳食纤维，可以排毒养颜，帮助孕妈妈健康瘦身。

牛奶花生酪

71 千卡    

原料: 花生、糯米各 70 克，牛奶、冰糖各适量。

做法: ❶ 将花生和糯米浸泡 2 个小时，花生剥去花生红衣后，和糯米一起放入豆浆机中。❷ 加入牛奶到最低水位，盖上豆浆机，调到果汁挡，启动。❸ 打好后，倒出花生米浆，去渣。❹ 取干净的煮锅，加入冰糖和花生米浆，煮开即可。

营养功效: 花生富含蛋白质、钙和镁，对孕妈妈和胎宝宝的肌肉和骨骼都有益处。与醇香的牛奶、甜软的糯米搭配，可作为加餐食用。

虾肉冬瓜汤

32 千卡  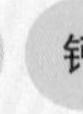 

原料: 虾 50 克，冬瓜 150 克，姜片、盐、白糖、香油各适量。

做法: ❶ 虾处理干净，隔水蒸 8 分钟，取出虾肉。❷ 冬瓜洗净，切小块，放入锅中与姜片同煲。❸ 放入虾肉，加盐、白糖、香油略煮即可。

营养功效: 虾肉冬瓜汤清淡可口，热量低，营养价值丰富，不仅补钙，还有预防下肢水肿的作用，可有效缓解孕妈妈的水肿症状。

松子爆鸡丁

116 千卡

原料：鸡肉 150 克，松子仁、核桃仁各 15 克，蛋清、姜末、葱末、盐、酱油、料酒、水淀粉、鸡汤各适量。

做法：❶ 鸡肉洗净，切丁，用蛋清、水淀粉抓匀，入油锅炒熟。❷ 核桃仁、松子仁分别炒熟；将所有调料和姜末、葱末、鸡汤调成汁。❸ 另起一锅置于火上，放调料汁，倒入鸡丁、核桃仁、松子仁翻炒均匀。

营养功效：孕妈妈适当吃些核桃可以顺气补血、缓解疲劳。松子仁除了可以滋阴润肺，对胎宝宝大脑皮层沟回的出现和脑组织的快速增殖也有极好的促进作用。

翡翠豆腐

69 千卡

原料：豆腐 200 克，菠菜 100 克，盐、葱末、花椒各适量。

做法：❶ 将豆腐上屉蒸一下，去掉水分，切成条，然后用凉水过凉，沥干水。❷ 菠菜洗净，切成段，放入沸水中焯一下，捞出，放入凉水中过凉，沥干水。❸ 将豆腐条和菠菜段装入盘内，放上葱末。❹ 油锅烧热，放入花椒炸香，将花椒油浇在葱花上即可。

营养功效：翡翠豆腐具有补气生血、健脾益肺、润肌护肤的功效，非常适合既想要控制体重，又想要滋补的孕妈妈食用。

鳕鱼蛋饼

99 千卡

DHA

原料：鳕鱼肉 75 克，鸡蛋 1 个，番茄酱适量。

做法：❶ 鳕鱼肉煮熟压碎；鸡蛋打散加入鱼肉碎搅拌均匀。❷ 烧热油锅，倒入鱼肉蛋液呈圆饼状，煎至两面金黄，盛盘切块，淋入番茄酱即可。

营养功效：鳕鱼能够为胎宝宝提供发育所需的蛋白质，且脂肪含量较少，孕妈妈可以在感到饥饿的时候吃一两小块，既补充能量，也不会让体重飙升。

萝卜虾泥馄饨

96 千卡 

原料: 馄饨皮 15 个，白萝卜、虾仁、胡萝卜各 100 克，鸡蛋 1 个，香菇、盐、香油、葱末、葱花、姜末、香菜叶各适量。

做法: ❶ 香菇泡发后，与洗净的白萝卜、胡萝卜和虾仁一起，剁碎；鸡蛋打成蛋液。❷ 油锅烧热，放葱末、姜末，下入萝卜碎煸炒至八成熟；蛋液入锅炒散。❸ 所有材料混合，加盐和香油调成馅；包成馄饨，煮熟，在汤中加入葱花和香菜叶即可。

营养功效: 萝卜虾泥馄饨营养均衡全面，滋补不增重。其中虾有镇定和安神的功效，可帮助孕妈妈远离抑郁情绪；白萝卜利于孕妈妈增进食欲、促进消化。

香肥带鱼

119 千卡 

原料: 带鱼 1 条，牛奶 150 毫升，番茄酱、盐、干淀粉、黄瓜片、辣椒圈各适量。

做法: ❶ 带鱼处理干净，切成长段，然后用盐拌匀，再拌上干淀粉，入油锅炸至金黄色时捞出。❷ 另起一锅，加水、牛奶、盐、番茄酱，不断搅拌成汤汁。❸ 将炸好的带鱼段装盘，盘周摆上黄瓜片和辣椒圈装饰，将熬好的汤汁浇在带鱼上即可。

营养功效: 带鱼中 α- 亚麻酸含量丰富，有很好的补益作用，与生津润肠的牛奶搭配，营养更加丰富。

阿胶枣豆浆

28 千卡 

原料: 黄豆 50 克，阿胶枣 25 克，草莓 5 个。

做法: ❶ 黄豆洗净，用水浸泡 10 小时。❷ 将泡发的黄豆放入豆浆机中，打成豆浆，并将打好的豆浆过滤，除去豆渣，晾凉。❸ 草莓洗净，将阿胶枣、草莓一同放入豆浆机中，打 10 秒左右，待原料充分搅碎，取出与豆浆混合即可。

营养功效: 豆浆热量低，有很好的瘦身作用，加入阿胶枣和草莓营养更丰富。阿胶枣含有多种氨基酸及钙、铁等多种矿物质，有补血、滋阴、润燥、止血等功效，能滋补身体，养颜养身。不过，孕妈妈吃完阿胶枣之后，要多漱口，以免损伤牙齿。

银耳鸡汤

原料：银耳 20 克，鸡汤、盐、白糖各适量。

做法：❶ 银耳洗净，用温水泡发后去蒂，撕小朵。❷ 将银耳放入砂锅中，加入适量鸡汤，用小火炖 30 分钟左右。❸ 待银耳炖透后放入盐、白糖调味即可。

营养功效：银耳配鸡汤，能够帮助孕妈妈滋补身体，强身健体，增强抵抗力，预防感冒。而且银耳中的膳食纤维丰富，可以促进肠胃蠕动，减少脂肪吸收，有减肥瘦身的效果。

花生拌芹菜

原料：芹菜 250 克，花生仁 70 克，香油、盐各适量。

做法：❶ 花生仁洗净，泡涨，去皮，加适量水煮熟；芹菜洗净，切成小段，放入开水中焯熟。❷ 将花生仁、芹菜段放入盘中，加香油、盐搅拌均匀即可。

营养功效：花生拌芹菜清脆爽口，其中芹菜中含有丰富的蛋白质、钙、磷、胡萝卜素等，对改善孕妈妈身体内部环境十分有益，因热量低，膳食纤维丰富，适合体重超标的孕妈妈食用。

海米炒洋葱

原料：海米 50 克，洋葱 150 克，姜丝、葱花、盐、酱油、料酒各适量。

做法：❶ 洋葱洗净，切丝；海米泡发洗净。❷ 将料酒、酱油、盐、姜丝放碗中调成汁。❸ 锅中放入洋葱丝、海米翻炒，并加入调味汁，炒至食材熟后，撒上葱花即可。

营养功效：海米炒洋葱能增进食欲、促消化，对孕妈妈控制血糖有一定作用，很适合患有妊娠糖尿病的孕妈妈食用。而且此菜品的热量低，美味又不易增重。

花生紫米粥

51 千卡 蛋白质 钙  铁

原料：紫米150克，花生仁50克，红枣、白糖适量。

做法：❶红枣洗净，去核备用；紫米洗净，放入锅中，加适量水煮30分钟。❷放入花生仁、红枣煮至熟烂，加白糖调味即可。

营养功效：紫米、花生仁一同熬粥，能够增加B族维生素的摄入量，对胎宝宝和孕妈妈都有益处，担心体重会超标的孕妈妈也可以不放白糖，减少热量的摄入。

橙香奶酪盅

67 千卡  蛋白质  维生素C 钙

原料：橙子1个，奶酪布丁1盒。

做法：❶在橙子2/3处切一横刀，挖出果肉。❷果肉去筋去膜，掰块备用。❸在橙子内填入奶酪布丁与橙肉块，拌匀即可。

营养功效：奶酪被称为“浓缩的牛奶”，蛋白质和钙的含量十分丰富，对胎宝宝此时呼吸系统的发育和听力的发展十分有利；橙子味道清香，孕妈妈食用，可消食开胃、生津止渴。

鲜虾火腿

59 千卡  蛋白质  维生素A  磷

原料：虾仁150克，豆腐皮100克，盐、酱油、糖、高汤、香油各适量。

做法：❶豆腐皮先用冷水浸一下，取出待用；将虾仁用盐、酱油、糖及高汤、香油抓拌。❷将虾仁摆在豆腐皮上，卷起，捆紧，在蒸锅中蒸半小时，取出放凉，切成长段，即可食用。

营养功效：鲜虾火腿嫩香味鲜，热量较低，帮助孕妈妈维持体重的同时还能增加钙质的摄入和吸收。孕妈妈经常食用虾，还可以保护眼睛、减轻疲劳、增强体力。

冬瓜蜂蜜汁

29 千卡 蛋白质 钙 维生素C

原料：冬瓜 200 克，蜂蜜适量。

做法：❶ 将冬瓜洗净，去皮和瓤，切块，放锅中煮 3 分钟，捞出，放榨汁机中加适量温开水榨成汁。❷ 加入蜂蜜调匀即可。

营养功效：蜂蜜口感香甜，具有滋养、润燥、美白养颜、润肠通便的功效；冬瓜也具有出色的美白效果，可以帮助孕妈妈淡化色斑，还能有效缓解孕妈妈的水肿症状，同时冬瓜热量低，孕妈妈经常食用也不用担心体重飙升。

枣杞蒸鸡

115 千卡 蛋白质 维生素C 维生素A 铁 钙

原料：鸡半只，红枣 6 颗，枸杞子、盐各适量。

做法：❶ 鸡洗净后入沸水内汆去血水。❷ 将鸡放入器皿中加红枣、枸杞子、盐，盖盖儿，再放入蒸锅内，水开后蒸约 30 分钟即可。

营养功效：孕妈妈食用此菜能补血、强身，有益胎宝宝生长。其中红枣富含钙和铁，可以滋阴补血、消除疲劳；枸杞子清肝明目，具有一定的保健功效。

豆角焖饭

72 千卡 蛋白质 B族维生素 维生素C

原料：大米 200 克，豆角 100 克，盐适量。

做法：❶ 豆角、大米洗净。❷ 豆角切碎，放在油锅里略炒一下。❸ 将豆角碎、大米放在电饭锅里，再加入比焖米饭时稍多一点的水焖熟，再根据自己的口味适当加盐即可。

营养功效：豆角口感脆嫩，富含维生素 C、蛋白质，有安神除烦、补中益气的作用。将豆角加入米饭中一同蒸熟，可以减少主食的摄入量，避免体重增长过快。

三丝牛肉

铁

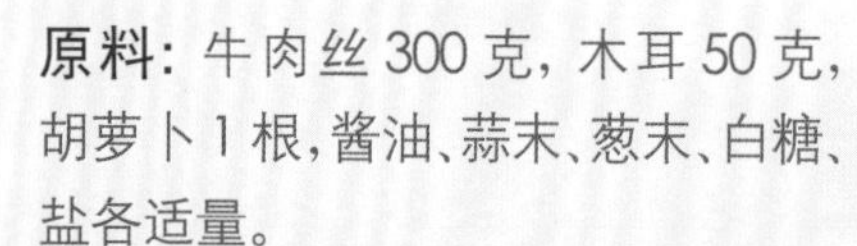

原料： 牛肉丝300克，木耳50克，胡萝卜1根，酱油、蒜末、葱末、白糖、盐各适量。

做法： ❶ 先用蒜末、酱油、白糖将牛肉丝腌制30分钟；木耳泡发后洗净，切丝；胡萝卜洗净、去皮、切细丝。❷ 油锅烧热，放入牛肉丝，大火急炒至八分熟取出。❸ 另起油锅，加入少许葱末后继续翻炒木耳、胡萝卜丝，最后加牛肉丝煸炒，加盐调味即可。

营养功效： 三丝牛肉可滋阴润燥、调养肠胃、补充蛋白质、增强抵抗力，是孕妈妈滋补的好菜品。

豆腐油菜心

钙

原料： 油菜200克，豆腐100克，香菇、冬笋各25克，香油、葱末、盐、姜末各适量。

做法： ❶ 香菇、冬笋切丝；油菜取中间嫩心，用水炒熟。❷ 豆腐压成泥，放香菇丝、冬笋丝、盐拌匀，蒸10分钟取出，菜心放周围。❸ 在油锅内爆香葱末、姜末，加少许水烧沸撇沫，淋香油，浇在豆腐和油菜心上即可。

营养功效： 油菜是钙含量比较高的蔬菜，与豆腐搭配补钙效果更好，营养丰富还不易增重，是一道非常有益于孕期补钙的菜品。

胭脂冬瓜球

原料： 冬瓜300克，紫甘蓝150克，白醋、白糖各适量。

做法： ❶ 紫甘蓝洗净，放入榨汁机中，加适量水榨汁；过滤后，放入锅中煮几分钟，然后放入碗中，倒入白醋。❷ 冬瓜洗净，对半切开，用挖球器挖出冬瓜球；将冬瓜球放入开水中焯3分钟，放入紫甘蓝汁中浸泡。❸ 放冰箱冷藏半小时以上，加白糖即可。

营养功效： 这道胭脂冬瓜球酸甜爽口，热量还低，不仅能补充维生素，还能有效缓解孕妈妈的水肿症状。

木耳炒鱿鱼

75 千卡     

蛋白质 钾 碘 钙 磷

原料: 鱿鱼 100 克，木耳 50 克，胡萝卜 30 克，盐适量。

做法: ❶ 将木耳浸泡，洗净，撕成小片；胡萝卜洗净、切丝。❷ 将鱿鱼洗净，在背上斜刀切花纹，再切成块，用开水氽一下，沥干水分，放适量盐腌制片刻。❸ 油锅烧热，下胡萝卜丝、木耳片、鱿鱼卷炒匀装盘即可。

营养功效: 木耳中的铁、钙含量很高，鱿鱼富含蛋白质、钙、磷、铁，二者搭配食用，有助于孕妈妈预防缺铁性贫血。

肉末茄子

124 千卡 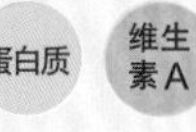  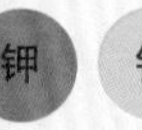

蛋白质 维生素A 钾 钙

原料: 茄子 1 个，猪肉末 30 克，葱花、姜末、蒜末、酱油、盐、香油各适量。

做法: ❶ 茄子去皮，洗净切块。❷ 锅中不放油烧热，放入茄子块翻炒至软塌时盛出。❸ 油锅烧热，放入葱花、姜末爆香，加猪肉末炒散，放酱油翻炒均匀；放入茄子块翻炒至熟。❹ 最后加入盐、香油、蒜末炒匀即可。

营养功效: 茄子搭配肉末炒制时要少放些油，这样补充蛋白质的同时不会摄入过多的热量。

猪肝拌黄瓜

89 千卡     

蛋白质 维生素A 铁 铜 钙 锌

原料: 猪肝 250 克，黄瓜 50 克，香菜末、酱油、醋、香油、盐各适量。

做法: ❶ 将猪肝洗净，煮熟，切成薄片；黄瓜洗净，切片。❷ 将黄瓜片摆在盘内垫底，放上猪肝片，再淋上酱油、醋、香油、盐，撒上香菜末，食用时拌匀即可。

营养功效: 猪肝拌黄瓜做法简易，是一道营养丰富的家常菜。猪肝含有优质蛋白质、铁、钙、锌和维生素，可增加血液中的铁含量。和清脆可口的黄瓜一起拌食，营养又不增重。

孕8月

孕妈妈和胎宝宝终于走到了孕 8 月，要开始胎宝宝飞速发育的孕晚期了，跟随着胎宝宝的发育，孕妈妈的身体会感觉更加不适，体重也直线上升。孕妈妈要坚持合理饮食，保持愉快的心情，对控制体重和孕育胎宝宝都有好处。

增重对比

胎宝宝的体重达到了

2 个小哈密瓜的重量了

孕妈妈已经增加了相当于

5 个小柚子的重量了

孕 8 月 长胎不长肉饮食方案

进入孕 8 月，孕妈妈会有一些身体不适，便秘、背部不适、腿部水肿等状况可能更加严重，孕妈妈可以通过适当运动和健康饮食，来缓解身体不适，使体重继续合理增加。

1 孕晚期控制体重在于预防营养过剩

到了孕晚期，孕妈妈一定要注意营养不宜过剩。营养过剩，尤其是热量及脂肪摄入过多，可导致胎宝宝巨大和孕妈妈患肥胖症，使孕期患妊娠高血压疾病及难产的概率增加，对孕妈妈及胎宝宝都会产生不利的影响。因此，孕晚期营养要保持合理、平衡的摄入。

2 选好糖分摄入时间，控制体重不难

孕妈妈摄取糖分不足，容易出现低血糖、头晕、乏力等情况，可是吃多了又容易长胖，其实选对摄入糖分时间很重要。孕妈妈最好在早餐和午餐前摄入一些糖分，既能够缓解饥饿，又能够在一天的活动中消耗掉这些热量，不至于导致孕妈妈增胖。

孕 8 月热量摄入计划

孕 8 月，胎宝宝生长速度增至最高峰，孕妈妈的基础代谢也达到最高峰。为了避免体重超标，本月，孕妈妈每天宜摄取 2 250~2 350 千卡。

450 千卡 早餐 + 200 千卡 加餐 + 750 千卡 午餐 +

平菇小米粥 51 千卡

海参豆腐煲 69 千卡

3 控制体重不宜吃夜宵

有些孕妈妈为了补充营养，或者经常在晚上觉得饥饿、嘴馋，会喜欢吃夜宵，其实，吃夜宵不但会导致肥胖，还会影响孕妈妈的睡眠质量，导致产后恢复能力差。而且吃夜宵之后，很容易增加胃肠道的负担，也会影响睡眠质量，因此孕妈妈吃夜宵要谨慎。

4 摄入有量，孕期不长胖

孕晚期，孕妈妈要控制碳水化合物、糖、盐的摄入量，以免引起过度肥胖，引发妊娠糖尿病、妊娠高血压疾病等。必要的时候，孕妈妈需要到医院咨询，制定个性化的健康饮食。一般，孕前体重标准的孕妈妈每天应摄入的食物量如下：主食（米、面）300~400 克；蛋类 50~100 克；新鲜蔬菜 500~700 克；海鲜类、肉类 150 克；水果 150 克；粗粮 50 克。

孕 8 月 体重计划

孕 8 月每周体重增长不宜超过 0.4 千克，虽然进入孕晚期后，孕妈妈出现体重增长过快的情况很普遍，但依旧需要控制饮食，坚持锻炼。

- 可以吃些全麦饼干、麦片粥、全麦面包等全麦食品，达到控制体重的目的。
- 孕妈妈可以用糖分含量少的蔬菜，如黄瓜、番茄等代替含糖量高的水果，来满足身体对维生素的需要。
- 可以适当吃些少油少盐的拌凉菜，有利于控制体重，但一定要将蔬菜洗干净，保证饮食卫生。
- 散步的时候，可以加上静态的骨盆底肌肉和腹肌的锻炼，既可以为顺产做准备，又对控制体重有帮助。
- 避免经常喝脂肪含量高的浓汤。
- 可以把运动融入日常生活中，比如坐公交时，可提前一站下车走动走动。

孕 8 月的营养素需求

孕 8 月，胎宝宝的身体发育越来越成熟。本月，孕妈妈应适当摄取蛋白质、铁含量高的食物。

促进胎宝宝大脑和视网膜发育

预防贫血

满足胎宝宝成长所需

200 千卡 加餐 + **650 千卡** 晚餐 = **2 250 千卡**

孕妈妈要少吃脂肪含量高的食物，避免增加分娩难度。

四色什锦 56 千卡

孕 8 月，孕妈妈应开始注意预防早产了。除了日常行动需要小心外，还可以吃些预防早产的食物，如带鱼、鲫鱼、菠菜、莲子等。

吃不胖的6种食物

本月，孕妈妈所吃的食物品种应该多样化，搭配要恰当，以防体重超标，孕妈妈还是把炸薯条、糖果等高热量食物戒了吧，可以试试以下几种既健康又不易增重的食物。

山药 57千卡

山药吃法多样，热量较低，不易使孕妈妈增重，其中含有能够分解淀粉的淀粉糖化酶，有促进消化的作用，有利于改善脾胃消化吸收功能，缓解孕妈妈孕期肠胃不适。

主打营养素

- 蛋白质
- 鳞
- 钾
- 镁

推荐食谱

- 五彩山药虾仁（见P136）

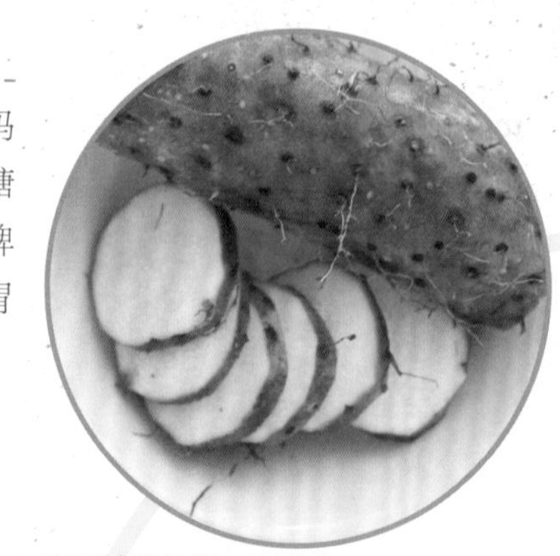

山药可健脾益胃、助消化

香椿芽 47千卡

香椿芽含有丰富的维生素C、胡萝卜素、蛋白质、铁等物质，有助于提高孕妈妈的免疫功能，并且香椿芽热量低，有益于孕期体重管理。

主打营养素

- 蛋白质
- 胡萝卜素
- 维生素A
- 维生素C
- 铁

推荐食谱

- 香椿芽拌豆腐（见P139）

香椿芽有清热利湿的功效

板栗扒白菜含丰富的维生素和矿物质

海参 72千卡

海参高蛋白、低脂肪，是孕妈妈的理想补品。食用后有健脑益智、补肾养血的功效，同时对胎宝宝的大脑、神经系统的发育也有帮助。

主打营养素

- 蛋白质
- 镁
- 钙
- 维生素E

推荐食谱

- 海参豆腐煲（见P135）

海参可增强人体抗疾病能力

木瓜 29 千卡

木瓜味道清甜，含有胡萝卜素和丰富的维生素 C，它们有很强的抗氧化能力，能帮助孕妈妈修复身体组织，消除有毒物质，增强人体免疫力，还能有效改善孕妈妈低落的情绪。

木瓜有“百益果王”的美称

主打营养素

- 胡萝卜素
- 维生素 C
- 维生素 A
- 钠
- 钙

推荐食谱

- 木瓜牛奶果汁（见 P135）

魔芋 24 千卡

魔芋富含可溶性膳食纤维，它可以通过增加饱腹感、减缓食物进入肠道的速度的方式来控制脂肪的吸收率，使孕妈妈达到控制体重的效果。

魔芋有减肥功效

主打营养素

- 蛋白质
- 钾
- 磷
- 硒

推荐食谱

- 菠菜魔芋汤（见 P141）

海带 13 千卡

海带营养丰富，可满足孕妈妈对碘、钙等营养素的需求。海带热量较低，其中的多糖有降血脂作用，可预防孕妈妈脂肪堆积体内，帮助孕妈妈控制体重过快增长。

海带不能长时间浸泡，否则营养价值会降低

主打营养素

- 磷
- 钠
- 钙
- 钾
- 碘

推荐食谱

- 虾皮海带丝（见 P122）

补充健脑食物

胎宝宝进入了又一次脑发育高峰期，孕妈妈可注意多补充一些核桃、鱼类等食物。

孕 8 月 营养又不胖的食谱

乌鸡糯米粥

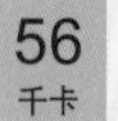

原料： 乌鸡腿1只，糯米50克，葱白、盐各适量。

做法： ❶ 乌鸡腿洗净，斩块，汆烫洗净，沥干；葱白切细丝。❷ 乌鸡腿块加水熬汤，大火烧开后转小火，煮15分钟，倒入糯米，煮开后转小火煮。❸ 待糯米煮熟后，再加入盐调味，最后放入葱丝焖一下。

营养功效： 乌鸡糯米粥有滋阴清热、补肝益肾的功效。乌鸡肉脂肪较少，不易增重，且营养丰富，适合孕妈妈孕晚期食用。

蛋黄紫菜饼

原料： 紫菜30克，鸡蛋2个，面粉50克，盐适量。

做法： ❶ 紫菜泡软，洗干净切碎，与蛋黄、适量面粉、盐一起搅拌均匀。❷ 锅里倒入适量油，烧热，将原料一勺一勺舀入锅，用小火煎成两面金黄，切小块即可。

营养功效： 蛋黄紫菜饼咸香可口，而且紫菜富含钙、铁、碘，能增强孕妈妈记忆力，防治孕期贫血，对促进胎宝宝骨骼生长也有好处。

豆角小炒肉

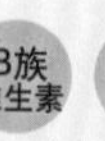

原料： 瘦肉100克，豆角200克，姜丝、盐各适量。

做法： ❶ 将瘦肉切丝；豆角斜切成段。❷ 油锅烧热，煸香姜丝，放入肉丝炒至变色，倒入豆角段，边翻炒边加入适量水。❸ 待豆角段将熟，放入盐调味即可。

营养功效： 豆角含丰富的维生素和植物蛋白质，和瘦肉搭配能补充更多的优质蛋白质，满足胎宝宝体重快速增加的需要。豆角热量低，孕妈妈可以经常食用，不用担心体重会飙升。

红烧冬瓜面

原料：面条 100 克，冬瓜 80 克，油菜 20 克，生抽、醋、盐、香油、姜末各适量。

做法：❶ 冬瓜洗净，切片；油菜洗净，掰开。❷ 油锅烧热，煸香姜末，放入冬瓜片翻炒，加生抽和适量清水稍煮。❸ 待冬瓜片煮熟透，加醋和盐，即可出锅。❹ 面条和油菜一起煮熟，把煮好的冬瓜片连汤一起浇在面条上，再淋入适量香油。

营养功效：红烧冬瓜面清淡爽口，孕妈妈在享受美味的同时不用担心长胖。冬瓜的利水功效很强，可帮助孕妈妈预防和缓解孕晚期的水肿症状。

宫保素三丁

89
千卡

原料：土豆 200 克，红甜椒、黄甜椒、黄瓜各 100 克，花生 50 克，葱末、白糖、盐、香油、水淀粉各适量。

做法：❶ 将花生过油炒熟，其余食材洗净，切丁。❷ 油锅烧热，煸香葱末，放入所有食材大火快炒，加白糖、盐调味，用水淀粉勾芡，最后淋香油即可出锅。

营养功效：宫保素三丁含碳水化合物、多种维生素、膳食纤维等各种营养素，营养丰富，有利于胎宝宝发育。

海鲜炒饭

109
千卡

钙

原料：米饭 1 碗，鸡蛋 1 个，小墨鱼 2 只，去骨鱼肉、虾仁、干贝、葱末、淀粉、盐各适量。

做法：❶ 鸡蛋打入碗中，分开蛋清和蛋黄；去骨鱼肉切成片。❷ 墨鱼收拾干净，和干贝、虾仁、去骨鱼肉片一起放入碗中，加淀粉和蛋清拌匀。❸ 蛋黄倒入热油锅中煎成蛋皮，切丝，码入盘中。❹ 油锅烧热，爆香葱末，放入虾仁、墨鱼、干贝、去骨鱼肉片炒匀，加入米饭、盐炒匀，盛入盘中即可。

营养功效：海鲜炒饭食材多样，营养丰富。海鲜肉质松软，易消化吸收，与米饭搭配，可减少对其他食物的摄入，同时能有效地为孕妈妈和胎宝宝补充营养。

橘瓣银耳羹

29 千卡 

原料：银耳15克，橘子1个，冰糖适量。

做法：❶银耳泡发后去掉黄根与杂质，洗净，撕小朵。❷橘子去皮，掰成瓣，备用。❸将银耳放入锅中，加适量清水，大火烧沸后转小火，继续煮至银耳软烂。❹将橘瓣和冰糖放入锅中，再用小火煮5分钟即可。

营养功效：橘瓣银耳羹清甜可口，营养丰富，而且具有滋养肺胃、生津润燥、理气开胃的功效，因热量较低，孕妈妈常吃也不会增重过多。

茶树菇炖鸡

138 千卡 

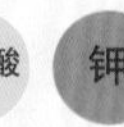

原料：茶树菇80克，鸡1只，葱段、姜片、料酒、盐各适量。

做法：❶茶树菇洗净，冷水浸泡10分钟，待泡软后去蒂；鸡处理干净，切成块，汆水捞起备用。❷锅内加水，水开后放入茶树菇、鸡块、葱段、姜片、料酒，开锅后再煮15分钟，然后转小火煮约20分钟，最后加盐调味即可。

营养功效：高蛋白、低脂肪的茶树菇味道鲜美，搭配富含优质蛋白质的鸡肉，营养更加丰富，孕妈妈食用有清热明目、提高人体免疫力的功效。

海参豆腐煲

69 千卡 

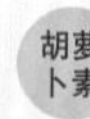

原料：海参4只，肉末200克，豆腐100克，胡萝卜片、葱段、姜片、盐、酱油、料酒各适量。

做法：❶剖开海参腹部，洗净体内腔肠，用沸水加料酒汆烫，捞起切条；肉末加盐、酱油、料酒做成丸子；豆腐切块。❷海参条放进锅内，加丸子、豆腐块、清水、葱段、姜片、盐、酱油、料酒煮沸，煮至入味，最后加胡萝卜片稍煮。

营养功效：海参补益效果明显，能提供优质的营养素，让胎宝宝更健壮，并且脂肪含量低，孕妈妈不用担心会增肥，与富含蛋白质的豆腐、肉末搭配，营养更丰富。

木瓜牛奶果汁

31 千卡 蛋白质 维生素C  钙

原料：木瓜、橙子各半个，香蕉1根，牛奶适量。

做法：❶ 木瓜去子挖出果肉；香蕉剥皮；橙子削去外皮，去子备用。❷ 准备好的水果放进榨汁机内，加入牛奶、凉白开水，搅拌打匀即可。

营养功效：木瓜牛奶果汁做法简单，热量较低，适合想要控制体重的孕妈妈饮用。果汁中钙、维生素含量丰富，可提高孕妈妈的免疫力。

冰糖莲藕片

59 千卡  蛋白质  铁  钙

原料：莲藕200克，枸杞子10克，菠萝、冰糖各适量。

做法：❶ 莲藕洗净，去皮，切片；枸杞子洗净；菠萝去皮，切丁。❷ 把莲藕片、枸杞子、菠萝丁、冰糖放入锅中，加适量水，煮熟即可。

营养功效：莲藕是一款进补的保健食材，能滋润肌肤，让孕妈妈更美丽。这道冰糖莲藕片甜脆可口，营养不易增重，既可以作为滋补品，又可以作为甜点代替高热量的饼干、奶油蛋糕。

软熘虾仁腰花丁

117 千卡 蛋白质 维生素C 钙

原料：山药丁30克，虾仁、猪腰各100克，枸杞子5克，蛋清、盐、酱油、料酒、淀粉、葱末、姜末、蒜末各适量。

做法：❶ 枸杞子用温水浸泡；山药丁炒熟；虾仁洗净，加淀粉、蛋清上浆；猪腰洗净，切片。❷ 油锅烧热，放葱末、姜末、蒜末炝锅，加猪腰片翻炒片刻，放入剩余原料及调味料，熘炒至熟。

营养功效：软熘虾仁腰花丁鲜嫩润口，色泽美观，可补充钙及维生素，还能帮助孕妈妈滋补脾肾。

丝瓜虾仁糙米粥

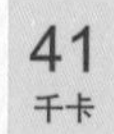

原料：丝瓜100克，虾仁、糙米各50克，盐适量。

做法：❶提前将糙米清洗后加水浸泡约1小时。❷将糙米、虾仁洗净一同放入锅中。❸加入2碗水，用中火煮成粥状。❹丝瓜洗净，去皮切块，加到已煮好的粥内，煮一会儿后加盐调味即可。

营养功效：丝瓜虾仁糙米粥清淡可口，可改善孕妈妈胃口，又不会摄入太多热量。其中糙米是粗粮，能为胎宝宝在肝脏和皮下储存糖原及脂肪；虾富含钙和铁，可满足胎宝宝此时脾脏贮存铁的需要。

五彩山药虾仁

原料：山药200克，虾仁、荷兰豆各50克，胡萝卜半根，盐、香油、料酒各适量。

做法：❶山药、胡萝卜去皮，洗净，切成条，放入沸水中焯烫；虾仁洗净，用料酒腌20分钟，捞出；荷兰豆洗净，去两头边筋。❷油锅烧热，放入山药条、胡萝卜条、虾仁、荷兰豆同炒至熟，加盐，淋香油即可。

营养功效：五彩山药虾仁中的蛋白质、维生素含量丰富，为胎宝宝感觉器官的发育成熟提供全面的营养。其中山药是高纤维素食物，饱腹感强，孕妈妈食用后有瘦身的效果。

冬瓜腰片汤

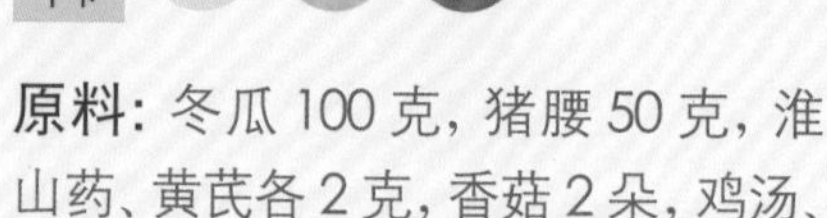

原料：冬瓜100克，猪腰50克，淮山药、黄芪各2克，香菇2朵，鸡汤、姜末、葱末、盐各适量。

做法：❶冬瓜、淮山药洗净，冬瓜去瓤，同淮山药分别削皮切片；香菇洗净切块；猪腰处理干净，切片，用热水氽烫。❷将鸡汤倒入锅中加热，先放姜末、葱末、黄芪、冬瓜片，中火煮40分钟，再放猪腰片、香菇块、淮山药片，煮熟后加盐调味即可。

营养功效：冬瓜腰片汤营养健康，冬瓜有清热、消肿、健脾、降压的作用，孕妈妈食用可以有效地预防妊娠高血压疾病。

板栗扒白菜

34 千卡

维生素A

原料： 白菜心1个，板栗50克，葱花、姜末、盐各适量。

做法： ❶ 白菜洗净，切成小片。❷ 板栗洗净，放入热水锅中煮熟，取出果肉切块。❸ 油锅烧热，放入葱花、姜末炒香，再放入白菜片与板栗块，最后加盐调味即成。

营养功效： 板栗含丰富的维生素和矿物质，不仅能满足孕妈妈的营养需要，还能促进胎宝宝五种感觉器官的完全发育和运转；白菜可以除烦解渴，由于白菜有增强胃肠蠕动的功效，所以有很好的助消化、排毒和减肥的功效。

香煎三文鱼

101 千卡
蛋白质

原料： 三文鱼350克，蒜末、葱末、姜末、盐各适量。

做法： ❶ 将三文鱼处理干净，用葱末、姜末、盐腌制。❷ 平底锅烧热，放入腌制入味的三文鱼，两面煎熟。❸ 装盘时撒上蒜末即可。

营养功效： 三文鱼富含维生素A、维生素E等营养成分，有很好的护肤和护发作用，还利于胎宝宝大脑发育。而且煎制的三文鱼可以使孕妈妈减少对热量的摄入。

培根菠菜饭团

89 千卡

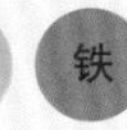

原料： 米饭150克，培根100克，菠菜50克，香油、海苔碎、盐各适量。

做法： ❶ 菠菜洗净后放入沸水略焯，捞出，切成末。❷ 将菠菜末放入碗内，调入盐、香油拌匀，再加入米饭，撒入海苔碎拌匀。取一小团拌好的菜饭捏成椭圆形饭团。❸ 用培根将饭团裹起来，放入不粘锅内，用小火煎5分钟即可。

营养功效： 菠菜富含铁和胡萝卜素，对胎宝宝眼睛的发育很有好处；培根富含大量的矿物质和微量元素，孕妈妈适量吃些，不用担心体重会增加过多。

牛奶草莓西米露

67 千卡　蛋白质　钙　维生素C

原料：西米70克，牛奶250毫升，草莓3个，蜂蜜适量。

做法：❶将西米放入沸水中煮到中间剩下个小白点，关火闷10分钟。❷将闷好的西米加入牛奶一起冷藏半小时。❸把草莓洗净切块，和牛奶西米拌匀，加入适量的蜂蜜调味即可。孕妈妈食用时要常温食用。

营养功效：牛奶草莓西米露中的营养丰富，既能为孕妈妈补钙，还可以补充维生素，增进食欲，改善孕妈妈皮肤细胞活性，增强皮肤张力。

虾皮海带丝

34 千卡　蛋白质　碘　钙

原料：海带丝200克，虾皮10克，红甜椒、土豆各20克，姜、盐、香油各适量。

做法：❶红甜椒洗净切丝；土豆洗净，去皮切丝；姜洗净，切细丝；虾皮洗净。❷油锅烧热，将红甜椒丝以微火略煎一下，盛起。❸锅中加清水烧沸，将海带丝、土豆丝煮熟软，捞出装盘，待凉后将姜丝、虾皮及红甜椒丝撒入，加盐、香油拌匀。

营养功效：虾皮海带丝含有丰富的矿物质，对胎宝宝大脑发育有一定的辅助作用。海带含碘丰富、热量低，孕妈妈可经常食用。

橙子胡萝卜汁

25 千卡

原料：橙子2个，胡萝卜1根。

做法：❶将橙子洗净去皮切块，胡萝卜洗净，去皮切块。❷将胡萝卜块和橙子一同放入榨汁机榨汁即可。

营养功效：鲜美的橙汁可以调和胡萝卜特有的气味，胡萝卜能够平衡橙子中的酸。这道饮品制作简单，热量低，具有强效的抗氧化功效，同时也是清洁肠胃和提高身体能量的佳品，非常适合想要控制体重的孕妈妈饮用。

丝瓜炖豆腐

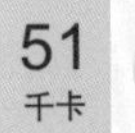
51 千卡  蛋白质  钙  维生素C

原料： 豆腐50克，丝瓜100克，高汤、盐、葱花、香油各适量。

做法： ❶ 将豆腐洗净，切块；用刀刮净丝瓜外皮，洗净，切滚刀块。❷ 豆腐块用开水焯一下，冷水浸凉，捞出，沥干水分。❸ 油锅烧至七成热，下丝瓜块煸炒至软，加高汤、盐、葱花，烧开后放豆腐块，改小火炖10分钟，转大火，淋上香油即可。

营养功效： 丝瓜富含维生素C，与豆腐一起炖食，营养丰富，还有助于铁元素的消化吸收。而且热量较低，孕妈妈适当吃些，不用担心体重会飙升。

香椿芽拌豆腐

65 千卡  蛋白质  胡萝卜素  维生素C

原料： 香椿芽200克，豆腐100克，香油、盐各适量。

做法： ❶ 香椿芽洗净，用开水焯烫，切成细末。❷ 豆腐切丁，用开水焯熟，碾碎，晾凉。❸ 放入香椿芽末、香油、盐，搅拌均匀即可。

营养功效： 香椿芽拌豆腐口感清新，颜色清淡，不会给孕妈妈增加太多的热量，还能补充维生素C、胡萝卜素和植物性蛋白质。

鳝鱼大米粥

49 千卡  蛋白质  维生素A  钙

原料： 大米50克，鳝鱼肉80克，姜末、盐各适量。

做法： ❶ 大米洗净；鳝鱼肉洗净，切丝。❷ 锅中加适量水，放入大米，大火烧开，再转小火煲20分钟。❸ 放入姜末、鳝鱼肉丝煮透后，再放入盐调味即可。

营养功效： 鳝鱼大米粥含有丰富的蛋白质、维生素和矿物质，有助于满足孕妈妈的营养需求。鳝鱼肉嫩味鲜，有润肠止血、补脑健身的功效。

平菇小米粥

原料：小米30克，大米20克，平菇40克，盐适量。

做法：❶将平菇洗净，焯烫后撕片。❷小米、大米分别淘洗干净。❸锅中加适量水，放入小米、大米，大火烧开后改小火熬煮，煮熟后放入平菇片稍煮，调入盐，拌匀即可。

营养功效：平菇小米粥粗细搭配，营养互补，有镇定安神、增强食欲的功效，也是孕妈妈补充蛋白质、碳水化合物的理想早餐。

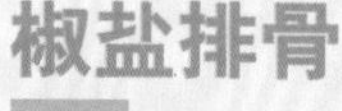

椒盐排骨

原料：排骨400克，青椒70克，鸡蛋1个，酱油、白糖、水淀粉、蒜瓣、姜丝、椒盐各适量。

做法：❶青椒洗净切丝；排骨洗净，斩块，放酱油、白糖、水淀粉、蒜瓣，腌2小时。❷鸡蛋打散，加水淀粉拌匀；油锅烧热，将排骨裹上鸡蛋液后入油锅炸熟，捞起。❸姜丝和青椒丝放油锅煸香后，放炸好的排骨，加椒盐翻炒均匀，装盘即可。

营养功效：排骨营养丰富，含丰富的肌氨酸，适合体重偏轻的孕妈妈增强体力。

莴笋炒鸡蛋

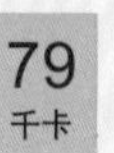

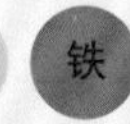

原料：莴笋1根，鸡蛋2个，葱花、盐各适量。

做法：❶莴笋去皮，洗净，切菱形片；鸡蛋打散备用。❷油锅烧热，放打散的鸡蛋液摊成鸡蛋饼，并用铲子切成块，盛出备用。❸用锅内余油爆香葱花，放莴笋片翻炒，将熟时放入炒好的鸡蛋块，加盐炒匀即可。

营养功效：莴笋炒鸡蛋富含蛋白质、维生素、钙、铁等营养素，在补充营养的同时可以促进胎宝宝的骨骼发育。其中莴笋热量低，可熬汤、煮粥、炒食，适合体重超标的孕妈妈食用。

四色什锦

56 千卡   
蛋白质 胡萝卜素 铁

原料: 胡萝卜、金针菇各 100 克，木耳、蒜薹各 30 克，葱末、姜末、白糖、醋、香油、盐各适量。

做法: ❶ 金针菇去老根，洗净，用开水焯烫，沥干；蒜薹洗净，切段；胡萝卜洗净、切丝；木耳洗净，撕小朵。❷ 油锅烧热，放葱末、姜末炒香，放胡萝卜丝翻炒，放木耳、白糖、盐调味。❸ 放金针菇、蒜薹段，翻炒几下，淋上醋、香油即可。

营养功效: 四色什锦色香味俱全，能增加孕妈妈的食欲。其中的四种食材热量都较低，孕妈妈可放心食用，滋补身体的同时不会使体重飙升。

鲜奶蛋羹

76 千卡  
蛋白质 钙 磷

原料: 鸡蛋 2 个，芒果半个，牛奶 100 毫升，白糖适量。

做法: ❶ 芒果洗净，去皮，取果肉切丁，备用；鸡蛋打散。❷ 将牛奶倒入蛋液中，加适量白糖轻轻搅拌均匀，放入蒸锅，盖上保鲜膜，冷水烧开。❸ 蒸 10 分钟后关火，去掉保鲜膜，把芒果丁撒在蛋羹表面即可。

营养功效: 鲜奶蛋羹营养丰富，味道清甜，还有着芒果独有的香气，作为加餐，孕妈妈可经常食用。

菠菜魔芋汤

19 千卡   
钾 磷 硒

原料: 菠菜 100 克，魔芋丝 60 克，盐、姜丝各适量。

做法: ❶ 菠菜择洗干净，切成段，备用。❷ 魔芋丝洗净，用热水煮 2 分钟，去味，沥干，备用。❸ 魔芋丝、菠菜段、姜丝放入锅内，加清水用大火煮沸，转中火煮至菠菜段熟软。❹ 出锅前加盐调味即可。

营养功效: 菠菜魔芋汤清爽适口，其中魔芋中特有的束水凝胶纤维，是天然的“肠道清道夫”，可避免孕妈妈吸收过多脂肪而长胖。

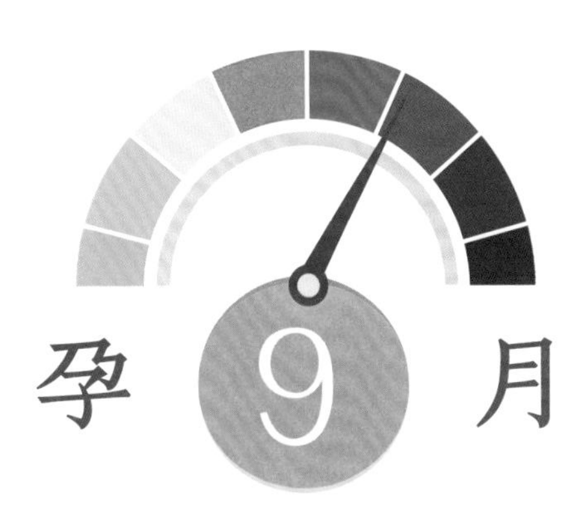

孕9月

孕9月，孕妈妈就要开始为分娩做准备了，为自身储备能量，也为了满足胎宝宝的营养所需。所以孕妈妈这个月要继续补充钙、铁等营养素，以满足胎宝宝的生长需要。

增重对比

胎宝宝的体重已经达到了
2个中型哈密瓜的重量了
孕妈妈已经增加了相当于
3个中型柚子的重量了

孕 9 月 长胎不长肉饮食方案

胎宝宝现在是“随时待命”准备出生了。对孕妈妈来说，此时体重增加速度非常快，稍不注意就可能让体重超标，这时孕妈妈要适当减少脂肪摄入，以防胎宝宝太胖增加顺产难度。

1 饮食宜清淡

孕晚期是胎宝宝加足马力、快速成长的阶段，对能量的需求也达到高峰，而孕妈妈也容易出现下肢水肿现象。有些孕妈妈在临近分娩时心情忧虑紧张，食欲不佳。为了迎接分娩和哺乳，孕妈妈的饮食营养较之前应有所调整，应选用对分娩有利的食物和烹饪方法，饮食以清淡为宜。

2 大量喝水体重也会飙升

孕妈妈会觉得特别口渴，这是很正常的孕晚期现象，可以适度饮水，最好小口多次喝水，这样既不会影响正常进食，也不会增加肾脏负担，避免引发水肿情况。水肿的直接现象是孕妈妈的体重飙升，但是这种增重对孕妈妈的健康、胎宝宝的发育没有好处，因此，孕妈妈为避免水肿，除了少盐饮食外，还要适量喝水。

孕 9 月热量摄入计划

越临近分娩，孕妈妈越要注意饮食规律和饮食安全，可以吃一些清淡和有助于调节情绪的食物，避免体重飙升。本月，孕妈妈继续保持每天摄取 2 250~2 350 千卡。

450 千卡 早餐 + **200 千卡** 加餐 + **750 千卡** 午餐 +

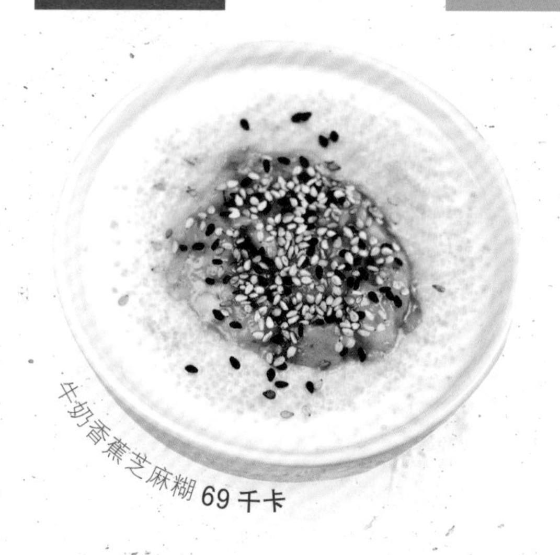
牛奶香蕉芝麻糊 69 千卡

琵琶豆腐 97 千卡

3 坚果吃多了容易引起体重飙升

坚果富含蛋白质、油脂、矿物质和维生素。多数坚果有益于孕妈妈和胎宝宝的身体健康，但因其油脂含量比较大，一天吃太多坚果会导致热量摄入过多，进而引起脂肪堆积，不仅胎宝宝没有因此多吸收营养，孕妈妈的体重还会直线上升，不利于胎宝宝足月后顺利分娩，所以孕妈妈每天食用坚果以不超过 30 克为宜。

4 宜多吃有稳定情绪作用的食物

孕晚期，孕妈妈有即将与宝宝见面的喜悦，也有面对分娩的紧张不安。此时最重要的是生活有规律，情绪稳定。因此，孕妈妈要多摄取一些能够帮助自己缓解恐惧感和紧张情绪的食物。富含叶酸、维生素 B_2、维生素 K 的圆白菜、胡萝卜均是对这方面有益的食物。

孕9月 体重计划

孕 9 月每周体重增长依旧不宜超过 0.4 千克，如果孕妈妈的体重增加与胎宝宝的体重增加不匹配，应分析是否是孕妈妈摄取了过多高热量食物或饮食不均衡引起的。

- 晚餐时间尽量不要超过晚上 9 点，晚餐后 3 个小时内不要就寝。
- 孕晚期孕妈妈的生活要有规律，可以在每天的工作之余或饭后到室外活动一下，散散步，进行一些力所能及的活动。
- 勤称体重，及时调整饮食和运动。
- 可以随时随地做一些柔韧性练习，比如转动手腕、脚踝等。
- 体重超标的孕妈妈，应咨询医生和营养师，根据自己的情况制订出适合的食谱，不可盲目节食。
- 可以做点简单的家务活，如扫地、擦桌子，可以消耗多余的热量，但是尽量避免俯身弯腰。

孕 9 月的营养素需求

孕 9 月，在营养的摄入上，孕妈妈可以根据自身的情况，进行针对性的调节，既要满足自身所需，又能保证胎宝宝体重增长适宜。

维生素 B_2：有益于胎宝宝的大脑发育

钙：预防发生软骨病

200 千卡 加餐 + 650 千卡 晚餐 = 2 250 千卡

继续补充足量的膳食纤维，促进孕妈妈肠道蠕动。

香菇豆腐汤 50 千卡

临近分娩时，为了使顺产更顺利，孕妈妈可以适当吃一些富含锌的食物，如圆白菜、牛肉、牡蛎等，可有效增强产力。

吃不胖的6种食物

进入了孕9月，孕妈妈的不适感更重了，这是身体在为胎宝宝出生做准备，但是孕妈妈依然要坚持补充铁、钙、蛋白质等营养素，以满足胎宝宝的生长需要。

猪肝 129 千卡

猪肝中铁含量极高，是很好的补铁食物，还富含蛋白质、维生素A、维生素C等营养素，对孕妈妈有保健作用，同时对胎宝宝眼睛发育也有好处。

主打营养素

- 蛋白质 • 维生素A • 磷 • 钾 • 镁

推荐食谱

- 熘肝尖（见P152）

食用猪肝可预防缺铁性贫血

红薯 102 千卡

红薯中含有的膳食纤维有助于排便，能缩短食物中有毒物质在肠道内的滞留时间，同时膳食纤维能吸收一部分葡萄糖，对孕妈妈控制体重有帮助。

主打营养素

- 胡萝卜素 • 维生素A • 维生素C • 钾

推荐食谱

- 红薯山药小米粥（见P152）

红薯富含膳食纤维

四季豆焖面可促进脂肪代谢，有瘦身功效

豆芽 19 千卡

豆芽富含维生素C和蛋白质，且脂肪含量低，营养不增重。具有美容、排毒、抗氧化、提高机体免疫力的作用，能满足孕妈妈的营养需要。

主打营养素

- 蛋白质 • 胡萝卜素 • 维生素C • 磷 • 钾 • 镁

推荐食谱

- 冬笋拌豆芽（见P148）

豆芽能起到有效的排毒作用

茭白 26 千卡

茭白味道鲜美，含较多的碳水化合物、蛋白质、脂肪等，营养价值较高，能补充孕妈妈所需的营养物质，有强健身体的作用。因热量低，孕妈妈常吃也不会体重超标。

主打营养素

- 蛋白质 • 胡萝卜素 • 维生素 A • 钾 • 镁

推荐食谱

- 鱼香茭白（见 P157）

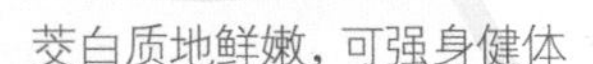
茭白质地鲜嫩，可强身健体

饭后吃水果易胀气

饭后立即吃水果，水果不易消化，易引起腹胀、腹泻或便秘。

芋头 81 千卡

芋头营养丰富、口感细软，有增强孕妈妈免疫力、美容养颜、乌黑头发、解毒通便的功效，孕妈妈适量食用，滋补身体的同时不会使体重过多增长。

主打营养素

- 胡萝卜素 • 维生素 A • 钙 • 钾 • 磷

推荐食谱

- 草菇烧芋圆（见 P153）

芋头能增进食欲，帮助消化

洋葱 40 千卡

洋葱具有很好的保健功效，其富含硒、磷、钙等营养素，具有防癌抗衰老、刺激食欲、帮助消化的作用。而且洋葱不含脂肪，热量也较低，合适胃口不佳的孕妈妈适量食用。

主打营养素

- 维生素 C • 镁 • 钙 • 磷 • 硒

推荐菜谱

- 洋葱炒牛肉（见 P149）

生吃洋葱可预防感冒

孕 9 月 营养又不胖的食谱

牛奶水果饮

57 千卡 蛋白质 钙 维生素C 维生素E

 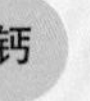  

原料：鲜牛奶、玉米粒、葡萄、猕猴桃、白糖、淀粉、蜂蜜各适量。

做法：❶ 将猕猴桃、葡萄均切成小丁待用。❷ 把牛奶倒入锅中，加适量的白糖搅拌至白糖化开，然后开火，放入玉米粒，边搅动边用淀粉勾芡，调至黏稠度合适。❸ 出锅后将切好的水果丁放入，滴几滴蜂蜜就可以了。

营养功效：玉米粒和葡萄等水果可以补充牛奶中膳食纤维的不足，是适合孕妈妈的一道既好吃又营养的甜品。体重超标的孕妈妈也可只放入蜂蜜，不放白糖，减少热量的摄入。

冬笋拌豆芽

42 千卡 蛋白质 胡萝卜素 维生素B_1 叶酸

原料：冬笋 150 克，黄豆芽 100 克，火腿 25 克，香油、盐各适量。

做法：❶ 黄豆芽洗净，焯烫，过冷水；火腿切丝，备用。❷ 冬笋洗净，切成细丝，焯烫，过冷水，沥干。❸ 将冬笋丝、黄豆芽、火腿丝一同放入盘内，加盐、香油，搅拌均匀即可。

营养功效：冬笋拌豆芽是一道热量较低的凉拌菜，清脆爽口，含有叶酸、维生素和膳食纤维，对调节孕妈妈血糖、控制妊娠高血压和控制体重都很有帮助。

番茄培根蘑菇汤

48 千卡 蛋白质 锌 钙

原料：番茄 150 克，培根 50 克，蘑菇、面粉、牛奶、紫菜、盐各适量。

做法：❶ 培根切碎；番茄去皮后搅打成泥，与培根碎拌成番茄培根酱；蘑菇洗净切片；紫菜撕碎。❷ 锅中加面粉煸炒，放入蘑菇片、牛奶和番茄培根酱，加水调成适当的稀稠度，加盐调味，撒上紫菜碎。

营养功效：番茄培根蘑菇汤含有丰富的蛋白质、锌、钙等营养成分，营养又开胃，美味还不易增重。

田园土豆饼

91 千卡  蛋白质  维生素C

原料：土豆200克，青椒50克，沙拉酱、淀粉各适量。

做法：❶ 土豆洗净，去皮切块；青椒洗净切末。❷ 土豆块煮熟，压成土豆泥。❸ 青椒末、沙拉酱倒入土豆泥中拌匀。❹ 将土豆泥捏成小饼，将做好的饼坯裹上一层淀粉。❺ 饼坯入油锅煎至两面金黄色即可。

营养功效：香喷喷又营养丰富的土豆饼是孕妈妈的大爱，有降血压、降血脂、润肠通便的功效。怕胖的孕妈妈可以少放些沙拉酱，避免摄入过多热量。

四季豆焖面

89 千卡  蛋白质  维生素E  钙 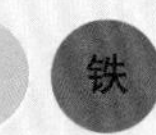 铁

原料：四季豆200克，面条80克，酱油、料酒、葱末、姜末、蒜末、盐、香油各适量。

做法：❶ 四季豆洗净，切段。❷ 油锅烧热后炒四季豆段，放入少量酱油、盐、料酒、葱末、姜末及水炖熟四季豆段。❸ 把面条煮八成熟，均匀放在四季豆段表面，盖上锅盖，调至小火焖十几分钟。待收汤后，搅拌均匀，放蒜末、香油即可。

营养功效：四季豆富含蛋白质、钙、铁、叶酸及膳食纤维等，可缓解孕妈妈缺铁性贫血。而且四季豆可以促进脂肪代谢，有一定的减肥效果。

洋葱炒牛肉

85 千卡  蛋白质  硒  铁

原料：牛肉150克，洋葱100克，蛋清1个，酱油、盐、白糖、水淀粉各适量。

做法：❶ 牛肉洗净，切丝；洋葱去皮，洗净，切丝。❷ 牛肉丝中加入蛋清、盐、白糖、水淀粉腌制片刻。❸ 油锅烧热，放入牛肉丝、洋葱丝煸炒，调入酱油，最后加盐调味。

营养功效：牛肉中富含铁和蛋白质，可满足胎宝宝的营养需求；洋葱含硒丰富，有防癌功效，孕妈妈适量吃些，还可以提神、促进消化和保护心血管健康。

什锦粥

49 千卡    

原料：大米 50 克，绿豆、红豆、黑豆各 10 克，核桃仁、葡萄干各适量。

做法：❶ 将大米淘洗干净；绿豆、红豆、黑豆洗净，提前浸泡 1 天。❷ 先将各种豆放入盛有适量水的锅中，煮至六成熟，加入大米，小火熬粥。❸ 将核桃仁、葡萄干放入粥中稍煮。

营养功效：什锦粥中锌、铜含量丰富，有助于孕妈妈顺利分娩。其中绿豆有清热解毒、降血脂的作用；黑豆的膳食纤维高，可促进肠胃蠕动，预防便秘。

香菜拌黄豆

91 千卡  

原料：香菜 50 克，黄豆 150 克，盐、姜片、香油各适量。

做法：❶ 黄豆泡 6 小时以上，泡好的黄豆加姜片、盐煮熟，晾凉。❷ 香菜切段拌入黄豆，吃时拌入香油即可。

营养功效：黄豆营养较全面，其中含钙丰富，能帮助胎宝宝储存一部分钙，以供出生后所用。同时，黄豆中还含有少量锌、铜，能降低孕妈妈早产、难产的概率。虽然黄豆热量较高，孕妈妈适量吃些还是不会使体重飙升的。

香豉牛肉片

128 千卡 

原料：牛肉 200 克，芹菜 100 克，胡萝卜半根、蛋清 1 个，姜末、盐、豆豉、淀粉、高汤各适量。

做法：❶ 牛肉洗净，切片，加盐、蛋清、淀粉拌匀；芹菜择洗干净，切段，胡萝卜洗净，切片。❷ 将油锅烧热，下牛肉片滑散至熟，捞出。❸ 锅中留底油，放入豆豉、姜末略煸，倒入芹菜段、胡萝卜片翻炒，放入高汤和牛肉片炒至熟透。

营养功效：富含蛋白质的牛肉与热量较低的芹菜、胡萝卜搭配，营养不增重，而且对孕妈妈补铁特别适宜。

冬瓜鲜虾卷

54 千卡 蛋白质 维生素C 胡萝卜素

原料：冬瓜100克，虾50克，火腿、胡萝卜各半根，香菇4朵，盐、白糖各适量。

做法：❶ 将冬瓜去皮、去瓤，洗净，切薄片；虾洗净、去虾线，剁成蓉；火腿、香菇、胡萝卜分别洗净切条。❷ 将冬瓜片用开水烫软，然后将胡萝卜条、香菇条分别在沸水中烫熟。❸ 将除冬瓜外的全部材料拌入盐、白糖，包入冬瓜片内卷成卷，上笼蒸熟即可。

营养功效：冬瓜鲜虾卷能促进胎宝宝呼吸系统、消化系统和生殖系统的发育成熟。其中冬瓜可以降脂减肥，体重超标的孕妈妈可以常食。

菠菜鸡煲

104 千卡 蛋白质 铁 维生素K

原料：鸡肉200克，菠菜100克，香菇3朵，冬笋1根，料酒、盐各适量。

做法：❶ 鸡肉、香菇分别洗净，切块；冬笋切片；菠菜洗净后切段，焯一下。❷ 油锅烧热，将鸡肉块、香菇块翻炒，放料酒、盐、冬笋片，加水炖至鸡肉熟烂，加菠菜段稍煮即可。

营养功效：菠菜含铁量很丰富，与肉同食能够提升铁的吸收率，此菜还可以为孕妈妈提供蛋白质，增强人体抵抗力。

牛蒡炒肉丝

112 千卡 蛋白质  胡萝卜素  钙

原料：牛蒡200克，猪瘦肉100克，鸡蛋1个，葱末、盐、醋、水淀粉各适量。

做法：❶ 猪瘦肉洗净切成丝，加盐、鸡蛋、水淀粉拌匀；牛蒡洗净，切丝。❷ 油锅烧热，倒入肉丝炒散，盛出。❸ 锅内留底油，放葱末炒香，倒入牛蒡丝翻炒，再加入肉丝炒匀，加醋、盐调味，用水淀粉勾芡即可。

营养功效：牛蒡中的膳食纤维可以促进大肠蠕动，建议孕妈妈将牛蒡作为常吃食物之一，既可以预防便秘，还不用担心体重会增加太多。

红薯山药小米粥

43 千卡

原料：红薯1个，山药100克，小米50克。

做法：❶ 红薯、山药分别去皮洗净，切小块；小米洗净浸泡片刻。❷ 清水开锅后把小米、红薯块和山药块入锅一起煮至熟烂即可。

营养功效：山药味甘，性温，能健脾益胃、助消化；小米味甘，补脾胃，治疗消化不良，肢体乏力等，可强健身体，让孕妈妈拥有好胃口；红薯热量较低，口感香甜，孕妈妈食用后，不用担心会发胖。

熘肝尖

96 千卡

原料：猪肝300克，胡萝卜、黄瓜各半根，料酒、淀粉、白糖、酱油、醋、葱末、姜末、蒜末、盐各适量。

做法：❶ 胡萝卜、黄瓜洗净，切片。❷ 猪肝洗净，切片，加盐、料酒、淀粉拌匀，入锅煎，捞出。❸ 将料酒、酱油、白糖和淀粉拌匀，勾芡汁备用。❹ 油锅烧热，用葱末、姜末、蒜末炝锅，放醋、胡萝卜片、黄瓜片，煸炒片刻后，放猪肝片，出锅前勾芡即可。

营养功效：孕妈妈食用猪肝可以补铁、补血，防治孕期贫血。

鲤鱼红枣汤

47 千卡

原料：鲤鱼1条，红枣4颗，香菜叶、红甜椒丝、盐、料酒各适量。

做法：❶ 将红枣洗净；鲤鱼去鳞、鳃、内脏，清水洗净。❷ 锅置于火上加清水适量，放入鲤鱼、红枣、盐、料酒，煮至鱼肉熟烂，点缀香菜叶、红甜椒丝即可。

营养功效：鲤鱼有滋补健胃、利水消肿的功效，配以补血健脾的红枣，既可缓解下肢水肿，又可补养身体。孕妈妈适量食用在滋补的同时不用担心会摄入过多热量。

雪菜肉丝汤面

109 千卡 

原料: 面条 100 克，猪肉丝 100 克，雪菜 20 克，酱油、盐、料酒、葱花、姜末、高汤各适量。

做法: ❶ 雪菜洗净，浸泡 2 小时，捞出沥干，切碎末；猪肉丝洗净，加料酒拌匀。❷ 油锅烧热，下葱花、姜末、猪肉丝煸炒，猪肉丝变色后再放入雪菜末翻炒，放料酒、酱油、盐，拌匀盛出。❸ 煮熟面条，舀入适量高汤，把炒好的雪菜肉丝覆盖在面条上即成。

营养功效: 雪菜肉丝汤面易消化，能为孕妈妈提供热量和营养。

鸡肉扒小白菜

79 千卡 

原料: 小白菜 300 克，鸡胸肉 200 克，牛奶、盐、葱花、淀粉、料酒各适量。

做法: ❶ 小白菜去根、洗净，切段，用开水焯烫；鸡胸肉洗净，切条，放入开水中汆烫。❷ 油锅烧热，下葱花炝锅，放入鸡胸肉条，加入盐、料酒、小白菜段、牛奶用大火烧开，再用淀粉勾芡即成。

营养功效: 鸡胸肉含有丰富的蛋白质、钙、磷、铁、烟酸和维生素 C，营养充足又能安抚孕妈妈的焦虑情绪；小白菜味道清香，可润泽皮肤、强身健体，适合体重超标的孕妈妈经常食用。

草菇烧芋圆

101 千卡 

原料: 芋头 120 克，鸡蛋 2 个，草菇 150 克，面粉、面包糠、酱油、盐、葱花各适量。

做法: ❶ 芋头去皮洗净，煮熟捣烂成泥；鸡蛋磕入碗中，搅匀；草菇洗净，切块。❷ 将芋头泥与面粉混合，做成芋圆，裹上鸡蛋液，蘸面包糠，放入热油锅炸至金黄色，捞出沥油。❸ 油锅烧热，加入芋圆与草菇块，倒入适量水，加酱油、盐，撒葱花炖煮至熟。

营养功效: 草菇烧芋圆口感嫩滑，是孕妈妈很喜欢的美味加餐，营养不易增重。

猪瘦肉菜粥

42 千卡 蛋白质 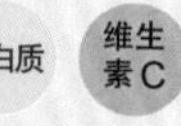 维生素C 钙

原料： 大米 80 克，猪肉丁 20 克，青菜 60 克，酱油、盐各适量。

做法： ❶ 大米洗净；青菜洗净，切碎。❷ 油锅烧热，倒入猪肉丁翻炒，再加入酱油、盐，加入适量水，将大米放入锅内，煮熟后加入青菜碎，煮至熟烂为止。

营养功效： 猪瘦肉菜粥荤素搭配，营养丰富且易吸收，保证胎宝宝发育健康。因热量较低，孕妈妈在享受美味的同时，不必担心体重会飙升，很适合孕晚期的孕妈妈食用。

牛奶香蕉芝麻糊

69 千卡 蛋白质  钾 钙 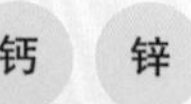 锌  铁

原料： 牛奶 250 毫升，香蕉 1 根，玉米面、白糖、熟芝麻各适量。

做法： ❶ 将牛奶倒入锅中，加入玉米面和白糖，开小火，边煮边搅拌，煮至玉米面熟。❷ 将香蕉剥皮，用勺子压碎，放入牛奶糊中，再撒上熟芝麻即可。

营养功效： 牛奶香蕉芝麻糊香甜适口，其中牛奶、香蕉、芝麻都能让孕妈妈精神放松，同时对胎宝宝皮肤的润滑和白皙有很好的促进作用，还能补充钙和铁，可作为加餐食用。

口蘑肉片

98 千卡 蛋白质  维生素D  硒

原料： 瘦肉 100 克，口蘑 60 克，葱末、盐、香油各适量。

做法： ❶ 瘦肉洗净后切片，加盐拌匀；口蘑洗净，切片。❷ 油锅烧热，爆香葱末，放入瘦肉片翻炒，再放入口蘑片炒匀，加盐调味，最后滴几滴香油即可。

营养功效： 口蘑肉片营养丰富，味道鲜美，且口蘑口感软滑，富含硒和膳食纤维，在帮助孕妈妈补充营养素的同时还可预防便秘，控制体重。

琵琶豆腐

97 千卡  蛋白质  钾 磷  锌

原料：豆腐 2 块，虾 4 只，油菜 4 棵，鸡蛋 1 个，香油、酱油、蚝油、淀粉、白糖、盐、姜片各适量。

做法：❶ 虾取肉，加盐略腌，拍烂，加入豆腐拌匀做成琵琶豆腐，虾壳留尾部；油菜洗净，焯烫熟。❷ 琵琶豆腐上锅蒸 5 分钟后取出，撒适量淀粉，蘸上蛋清，炸至微黄色盛起。❸ 另起油锅，爆香姜片，加淀粉、酱油、香油、蚝油、白糖、盐勾芡，煮沸后淋在琵琶豆腐上，加以小油菜、虾壳尾部摆盘点缀即可。

营养功效：琵琶豆腐富含锌、蛋白质，对胎宝宝发育有益处。豆腐和虾都是热量较低的食物，有利于孕妈妈保持体重的稳定增长。

小白菜煎饺

118 千卡  钙 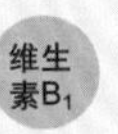 维生素 B_1  蛋白质

原料：小白菜 400 克，猪肉末 100 克，面粉 200 克，葱末、姜末、酱油、料酒、油、盐各适量。

做法：❶ 小白菜洗净，切碎，挤去水分；猪肉末加所有调料、葱末、姜末和小白菜碎拌成馅。❷ 面粉加水揉成面团后饧 20 分钟，擀成面皮；将面皮和馅包成饺子。❸ 平底锅刷油，放入饺子，待饺子底部焦黄时加少许水，待熟盛出即可。

营养功效：小白菜营养丰富且热量低，其中的维生素 B_1 能促进胎宝宝神经系统的发育。

香菇豆腐汤

50 千卡 蛋白质 钙  维生素 D

原料：豆腐 100 克，香菇、冬笋、虾仁各 50 克，葱段、姜片、盐、香油各适量。

做法：❶ 将豆腐切小块；香菇洗净，浸泡，切片；虾仁洗净；冬笋去皮洗净，切片。❷ 油锅烧热，爆香葱段、姜片，下冬笋片、虾仁翻炒，加适量水，烧沸，加入豆腐块、香菇片，再次烧沸，加盐调味，淋上香油即可。

营养功效：香菇豆腐汤食材丰富，味道鲜美，其中香菇有降血压、降胆固醇的作用，可以预防妊娠高血压疾病。

蜜汁南瓜

92 千卡 

原料：南瓜半个，红枣、白果、枸杞子、蜂蜜、白糖、姜片各适量。

做法：❶ 南瓜去皮、切丁；红枣、枸杞子用温水泡发。❷ 切好的南瓜丁放入盘中，加入红枣、枸杞子、白果、姜片，入蒸笼蒸 15 分钟。❸ 炒锅内放少许油，加白糖、蜂蜜，以及适量水，小火熬制成汁，倒在南瓜丁上即可。

营养功效：蜜汁南瓜香甜可口，营养丰富。南瓜含有丰富的膳食纤维和维生素及碳水化合物，是适合整个孕期的好食材。

蚕豆炒鸡蛋

78 千卡 

胡萝卜素

原料：鸡蛋 2 个，蚕豆 150 克，蒜末、盐、白糖、葱花各适量。

做法：❶ 蚕豆洗净，掰成两半；鸡蛋打入碗中，加少许盐，打散，备用。❷ 油锅烧热，倒入蛋液，不停翻炒，凝固成块后装盘，备用。❸ 油锅烧热，放入蒜末、蚕豆翻炒，加适量水，放入白糖，焖 3 分钟，待水分收干后，放入炒好的鸡蛋，加适量盐调味，撒上葱花即可。

营养功效：蚕豆炒鸡蛋荤素搭配合理，能为孕妈妈提供全面的营养。其中蚕豆有健脾益胃、止血降压的功效，而且热量较低，是很好的绿色食品。

奶香玉米饼

84 千卡 蛋白质 

原料：蛋黄 2 个，面粉、玉米粒各 100 克，淡奶油 40 克，盐、薄荷叶各适量。

做法：❶ 将蛋黄、面粉、玉米粒、淡奶油、盐混在一起，加适量的水，搅拌成糊状。❷ 用平底锅摊成饼，切成两半，用薄荷叶装饰即可。

营养功效：奶香玉米饼较好地保留了玉米的营养成分，容易被人体吸收，还有助于缓解孕妈妈的便秘症状。

菠菜芹菜粥

28 千卡

原料：菠菜、芹菜各 50 克，大米 100 克。

做法：❶ 菠菜、芹菜择洗干净，入开水焯烫，捞出，切末。❷ 大米洗净，放入锅内，加适量水。❸ 先大火煮开，再小火煮 30 分钟。❹ 加芹菜末、菠菜末，再煮 5 分钟即可。

营养功效：菠菜芹菜粥清淡适口，适合偏胖的孕妈妈食用，而且芹菜、菠菜有养血润燥的功效，可以缓解便秘，还能降低血压。

鲜蔬小炒肉

104 千卡

原料：鸡腿菇 100 克，五花肉 80 克，蚕豆 50 克，红甜椒丝、蒜、白糖、生抽、香油、盐各适量。

做法：❶ 五花肉、鸡腿菇洗净，切片。❷ 蒜切碎，剁成蒜蓉。❸ 锅中加适量水、盐，放鸡腿菇片、蚕豆焯水。❹ 锅烧热干煸五花肉片，待出油时倒入蒜蓉翻炒，放鸡腿菇片和蚕豆，加生抽、白糖、红甜椒丝翻炒，加盐调味，淋香油即可。

营养功效：鲜蔬小炒肉荤素搭配，营养均衡，能满足孕妈妈饮食多样性的需要。

鱼香茭白

23 千卡

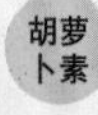

原料：茭白 4 根，料酒、醋、水淀粉、酱油、姜丝、葱花各适量。

做法：❶ 茭白去外皮，洗净，切块；料酒、醋、水淀粉、酱油、姜丝、葱花调和成鱼香汁。❷ 油锅烧热，下茭白炸至表面微微焦黄，捞出沥干。❸ 油锅留少量油，下茭白、鱼香汁翻炒均匀，收汁即可。

营养功效：鱼香茭白热量很低，想要控制体重的孕妈妈可常吃。茭白口感鲜嫩，有生津止渴、利尿除湿的功效。

孕10月

孕10 月，终于要和胎宝宝见面了，但是即便如此，孕妈妈也要站好“最后一班岗”，坚持营养饮食、适度锻炼，以适宜的体重迎接分娩。

增重对比

到分娩前，胎宝宝相当于
1 个中型南瓜的重量
一般孕妈妈大约增重 12 千克
相当于 2 个西瓜的重量

孕 10 月 长胎不长肉饮食方案

10 个月孕期马上就要结束了，孕妈妈要为迎接宝宝储存体力，因此本月的饮食要做到清淡、高热量，并且配合规律饮食，但是不要忽视体重的控制，一定要为胎宝宝降生营造一个好的生育条件。

1 低脂肪、高蛋白质食物补体力又不长胖

这是孕期的最后一个月，孕妈妈的体重会达到最高点，这个月初期孕妈妈还是需要控制体重的。在逐渐临近预产期时，孕妈妈可以适当放松对体重的控制，但是也不能暴饮暴食，应当以增加体力为主，可以吃脂肪较少、高蛋白质的食物，如鸡肉、鸭肉、鱼等食材。

2 分娩当天再选择高热量食物

分娩当天吃的食物应以能快速补充体力的食物为优，可以选择能够快速吸收、消化的高糖或淀粉类食物，如巧克力、木瓜等食物都是产前补充体力的优选食材。这一天孕妈妈不用担心摄入过多，因为分娩将会消耗大量的能量，孕妈妈摄入的热量基本都会被消耗掉。

孕 10 月热量摄入计划

进入怀孕的最后 1 个月，孕妈妈的肠道很容易受到压迫，消化功能会受影响，孕妈妈坚持少食多餐，能减轻肠胃负担，又可以避免一次摄入过多热量。本月，孕妈妈每天摄取的热量最好不超过 2 250 千卡。

450 千卡 早餐 + 200 千卡 加餐 + 750 千卡 午餐 +

菠菜鸡蛋饼 79 千卡

黄花鱼炖茄子 108 千卡

3 继续坚持少食多餐

进入怀孕的最后 1 个月了，孕妈妈的肠道很容易受到压迫，从而引起便秘或腹泻，导致营养吸收不良或者营养流失，所以，一定要增加进餐的次数，每次少吃一些，而且应吃一些口味清淡、容易消化的食物。同时，少食多餐能够更好地帮助孕妈妈管理每天的摄入总量，避免摄入不必要的热量，导致脂肪堆积。

4 喝低糖饮料也会长胖

孕妈妈有时候会嘴馋，想要喝饮料，又怕摄入糖分过多，就选用无糖或低糖饮料，其实绝大多数无糖、低糖饮料中虽然没有或者少量添加蔗糖，但有很多代糖物质、添加剂及色素，孕妈妈喝了还是会长胖，而且也不利于自己和胎宝宝的健康。

孕 10 月 体重计划

整个孕期，孕妈妈都在积极地进行体重管理，在最后 1 个月，要继续坚持健康饮食和适量运动。本月在饮食上要重质不重量，少吃多餐，不需要额外进食大量补品。在体重上，每周增长不宜超过 400 克。

- 晚餐不宜过迟、过量，以清淡、稀软为好。
- 为了控制体重，孕妈妈可以选择脂肪含量相对比较低的肉类来补充蛋白质，如鸡肉、鱼肉、虾肉。
- 可以每坐 1 小时，就起来来回走动走动。
- 避免吃油腻、蛋白质过多、难以消化的食物。
- 如果体重超标，饮食尽量以低脂和低热量的蔬菜和谷类食物为主。
- 分娩前，有的孕妈妈体重会减少，如果胎动无异常，胎宝宝发育正常，孕妈妈不必太担心，可能和休息与饮食有关。

孕 10 月的营养素需求

孕 10 月，因为胎宝宝对锌的需求量在孕晚期最高，所以孕妈妈要适当补充。同时，这一阶段胎宝宝的神经开始发育出起保护作用的髓鞘，孕妈妈也不能忽视对维生素 B_{12} 的摄入。

锌 满足胎宝宝生长发育所需

200 千卡 加餐 + **650 千卡** 晚餐 = **2 250 千卡**

红枣的糖分较多，患糖尿病的孕妈妈要少吃。

干煸菜花 95 千卡

孕 10 月，孕妈妈可以多吃点鱼，像鲱鱼、鲥鱼等富含脂肪酸的鱼，有缓解抑郁的作用，可避免因心理压力过大造成难产的情况。

吃不胖的 6 种食物

到了孕 10 月，孕妈妈在控制体重和饮食方面不能马虎。在控制热量摄入的情况下，孕妈妈也要保证胎宝宝摄取到足够的营养，蛋白质、维生素、矿物质都不能少。

木耳 62 千卡

木耳有活血、养胃、润肠道、降血脂的功效，孕妈妈食用后可以促进自身的血液循环，还能缓解情绪，预防贫血。而且木耳吃法多样，煮粥、熬汤、拌凉菜均可。

主打营养素

- 蛋白质 • B 族维生素 • 铁 • 钙

推荐食谱

- 鲤鱼木耳汤（见 P172）

口感细嫩的木耳可滋肾养胃

樱桃 46 千卡

樱桃营养价值非常高，含有丰富的铁元素，并含有磷、镁、钾，其维生素的含量比苹果高出四五倍，是孕妈妈健康又不易增重的理想水果。

主打营养素

- 维生素 A • 胡萝卜素 • 磷 • 钾 • 铁 • 镁

推荐食谱

- 樱桃虾仁沙拉（见 P167）

樱桃对保护心脏有益

珍珠三鲜汤中食材丰富，对孕妈妈的身体大有裨益

豌豆 62 千卡

豌豆中含有大量的优质蛋白，能够提高孕妈妈的机体抗病能力。豌豆还富含膳食纤维和维生素 C，有降血压、抗过敏的功效，因为食用后易产生饱腹感，适合怕胖的孕妈妈食用，可以避免摄入过多食物。

主打营养素

- 蛋白质 • 维生素 C • 胡萝卜素 • B 族维生素

推荐食谱

- 珍珠三鲜汤（见 P169）

食用豌豆可抗菌消炎，增强新陈代谢

芒果 35 千卡

芒果有“热带水果之王”的称号，其果肉多汁，酸甜可口，可以解渴生津。芒果还含有丰富的膳食纤维，可以促进肠胃蠕动，帮助排便，有利于帮助孕妈妈控制体重。

主打营养素

- 胡萝卜素 • 维生素 A • 磷

推荐食谱

- 芒果鸡丁（见 P168）

芒果肉质细嫩，维生素 A 含量高

为分娩储能

本月要为分娩储备能量，宜适当多吃蛋白质、碳水化合物含量丰富的食物。

鸭血是最理想的补血品之一

鸭血 55 千卡

动物血中含铁量较高，而且以血红素铁的形式存在，容易被人体吸收利用，是孕妈妈补血的理想食材，而且鸭血热量不高，适宜孕妈妈控制体重时食用。

主打营养素

- 蛋白质 • 铁 • 磷 • 钠 • 钾

推荐食谱

- 鸭血豆腐汤（见 P168）

黄花鱼对孕妈妈失眠也有调理功效

黄花鱼 98 千卡

黄花鱼肉质鲜嫩，营养丰富且易于孕妈妈消化吸收。食用后有补血益气、止血凉血、补虚强身的功效。为了避免摄入过多热量，孕妈妈最好不食用油炸的黄花鱼。

主打营养素

- 蛋白质 • 铁 • 钠 • 镁

推荐食谱

- 黄花鱼炖茄子（见 P171）

孕 10 月 营养又不胖的食谱

玉米鸡丝粥

44 千卡 蛋白质 维生素A 维生素E

原料：鸡肉、大米、玉米粒各 50 克，芹菜 20 克，盐适量。

做法：❶ 大米、玉米粒洗净；芹菜洗净，切丁；鸡肉洗净，煮熟后捞出，撕成丝。❷ 大米、玉米粒、芹菜丁放入锅中，加适量清水，煮至快熟时加入鸡丝，煮熟后加盐调味即可。

营养功效：玉米鸡丝粥营养不增重，孕妈妈食用有祛湿解毒、润肠通便的功效，清香的口感还能帮助孕妈妈缓解紧张感。

菠菜鸡蛋饼

79 千卡 蛋白质 维生素C 钙 钾

原料：面粉 150 克，鸡蛋 2 个，菠菜 50 克，火腿 1 根，盐、香油各适量。

做法：❶ 面粉倒入大碗中，加适量温水，再打入 2 个鸡蛋，搅拌均匀，成蛋面糊。❷ 菠菜焯水沥干后切碎，火腿切小丁，倒入蛋面糊里。❸ 加入适量盐、香油，混合均匀。❹ 油锅烧热，倒入蛋面糊煎至两面金黄即可。

营养功效：菠菜鸡蛋饼中碳水化合物含量丰富，可为孕妈妈和胎宝宝补充能量。

鲷鱼豆腐羹

104 千卡 蛋白质  胡萝卜素  硒  钙  钾

原料：鲷鱼 1 条，豆腐 150 克，胡萝卜半根，葱末、盐各适量。

做法：❶ 鲷鱼切块，用清水洗净；豆腐、胡萝卜洗净，切丁。❷ 锅内注水烧开，放入鲷鱼块、豆腐丁、胡萝卜丁，小火煮 10 分钟，放入盐，撒上葱末即可。

营养功效：鲷鱼富含蛋白质、钙、钾、硒等，豆腐可补充钙质和植物蛋白，加上富含维生素的胡萝卜，满足了胎宝宝最后一个月快速发育的需要。并且鱼肉热量相对较低，孕妈妈食用后不用担心体重增长过快。

香蕉香瓜沙拉

钙

原料: 香蕉 1 根，香瓜 200 克，猕猴桃半个，酸奶 150 毫升。

做法: ❶ 将香蕉去皮，取果肉。❷ 将猕猴桃和香瓜分别去皮，取果肉，切成小块。❸ 香蕉切成块，与香瓜块、猕猴桃块一起放在盘中。❹ 把酸奶倒入盘中，拌匀即可。

营养功效: 水果与奶香结合，美味可口，使孕妈妈放松心情，缓解紧张情绪。其中香蕉含胡萝卜素、维生素 E、维生素 C，可以帮助孕妈妈预防疲劳；香瓜脆甜可口，有生津止渴的功效。

小米面茶

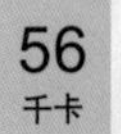

原料: 小米面 150 克，芝麻 10 克，芝麻酱、香油、盐、姜粉各适量。

做法: ❶ 芝麻入锅炒至焦黄，擀碎，加入盐拌在一起。❷ 锅内加适量清水、姜粉，烧开后将小米面和成稀糊倒入锅内，略加搅拌，开锅后盛入碗内。❸ 将芝麻酱和香油调匀，用小勺淋入碗内，再撒入芝麻和盐即可。

营养功效: 小米面茶能补中益气、健胃保肝，利于孕妈妈顺产，而且适当食用不用担心会影响身材。

鸡蛋玉米羹

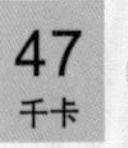

原料: 玉米粒 100 克，鸡蛋 2 个，鸡肉 50 克，盐、白糖各适量。

做法: ❶ 玉米粒用搅拌机打成玉米蓉；鸡蛋打散备用；鸡肉切丁。❷ 将玉米蓉、鸡肉丁放入锅中，加适量清水，大火煮沸，转小火再煮 20 分钟。❸ 慢慢淋入蛋液，搅拌，大火煮沸后，加盐、白糖即可。

营养功效: 鸡蛋玉米羹中玉米性平而味甘，能调中健胃、利尿消肿，有助于孕妈妈消除水肿，超重的孕妈妈可适当食用。

陈皮海带粥

37 千卡 蛋白质 钾 钙 碘

原料： 海带、大米各50克，陈皮、糖各适量。

做法： ❶ 将海带用温水浸软，换清水漂洗干净，切成碎末；陈皮用清水洗净。❷ 将大米淘洗干净，放入锅内，加适量水，置于火上，煮沸后加入陈皮、海带末，不时地搅动，用小火煮至粥熟，加糖调味即可。

营养功效： 陈皮理气健胃、燥湿化痰；海带通经利水、化瘀软坚。此粥有补气养血、清热利水、安神健身的作用。孕妈妈临产时食之，能积蓄足够力气完成分娩。

清炒莜麦菜

29 千卡 蛋白质 维生素C

原料： 莜麦菜200克，蒜末、盐、白糖各适量。

做法： ❶ 将莜麦菜择洗干净，切段。❷ 油锅烧热，煸香蒜末，放入莜麦菜段快速翻炒，炒至颜色变深绿、变软时加入白糖、盐，炒匀出锅即可。

营养功效： 清炒莜麦菜制作简单，清爽适口，适合偏胖的孕妈妈食用，以控制体重。莜麦菜含有膳食纤维和维生素C，有预防和缓解孕期便秘及孕期贫血的功效。

猪骨萝卜汤

 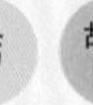 

79 千卡 蛋白质 钙 胡萝卜素

原料： 猪棒骨200克，白萝卜50克，胡萝卜半根，陈皮5克，红枣5颗，盐适量。

做法： ❶ 猪棒骨洗净，用热水汆烫；白萝卜、胡萝卜洗净，切滚刀块；陈皮浸开，洗净。❷ 煲内放适量清水，放入猪棒骨、白萝卜块、胡萝卜块、陈皮、红枣同煲2小时，然后用盐调味即可。

营养功效： 孕妈妈食用猪骨萝卜汤可以滋补身体但不会增重太多。白萝卜具有温胃消食、滋阴润燥的功效，适合分娩前食欲不佳的孕妈妈。

鲇鱼炖茄子

原料：鲇鱼1条，茄子200克，葱段、蒜末、姜丝、香菜段、白糖、黄酱、盐各适量。

做法：❶将鲇鱼处理干净，鱼身划刀；茄子洗净，切条。❷油锅烧热，用葱段、蒜末、姜丝炝锅，炒出香味后放黄酱、白糖翻炒。❸加适量水，放入茄条和鲇鱼，炖熟后，加盐、香菜段调味即可。

营养功效：鲇鱼具有滋阴养血、补中气、开胃、利尿的作用，是孕妈妈食疗滋补的必选食材之一。

樱桃虾仁沙拉

原料：樱桃6颗，虾仁、青椒各50克，沙拉酱适量。

做法：❶樱桃、青椒洗净，分别去核、去子，切丁；虾仁洗净，切丁。❷虾仁丁、青椒丁分别放入开水中汆熟捞出，以冷水冲凉。❸虾仁丁、樱桃丁及青椒丁放入盘中拌匀，淋上沙拉酱即可。

营养功效：樱桃含铁量丰富，是水果中的冠军；虾仁是高铁、高钙食物，所以这款樱桃虾仁沙拉补益效果极好，可以预防贫血，且热量较低，对孕妈妈控制体重也有帮助。

果香猕猴桃蛋羹

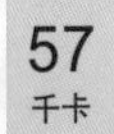

原料：猕猴桃3个，鸡蛋1个，白糖、水淀粉各适量。

做法：❶猕猴桃去皮，1个切成小丁，2个用搅拌机打成泥；鸡蛋打散备用。❷将猕猴桃丁和泥一起倒入小锅中，加入适量清水和白糖，用小火边加热边搅拌，煮开后调入水淀粉，顺时针方向搅拌均匀，再将鸡蛋液打入，稍煮即可。

营养功效：果香猕猴桃蛋羹适合作为孕晚期的加餐食用，口感酸甜，营养不增重。猕猴桃含有丰富的维生素C，可干扰黑色素的形成，使孕妈妈保持皮肤白皙。

芒果鸡丁

115 千卡 蛋白质  维生素A  胡萝卜素  钾

原料：鸡胸肉300克，芒果100克，青椒50克，鲜柠檬片3片，葱花、蒜末、料酒、生抽、盐各适量。

做法：❶ 鸡胸肉洗净，切丁，加盐、料酒腌制。❷ 芒果取果肉，切小丁；青椒切块。❸ 油锅烧热，放蒜末炒香，放入鸡胸肉丁翻炒至变色，放少量生抽炒匀。❹ 放入青椒块、柠檬片翻炒约1分钟，放入芒果丁和葱花混合均匀。

营养功效：香甜的芒果搭配鸡肉，清清爽爽，香嫩滑口，可帮助消化，缓解疲劳。并且鸡胸肉和芒果的热量都较低，怕胖的孕妈妈可放心食用。

鸭血豆腐汤

 69 千卡 蛋白质 钙 铁

原料：鸭血250克，豆腐1块，高汤、米醋、盐、淀粉、胡椒粉、香菜叶各适量。

做法：❶ 鸭血、豆腐洗净切条。❷ 将鸭血条、豆腐条放入煮开的高汤中炖熟，加米醋、盐、少许胡椒粉调味，以淀粉勾薄芡，最后撒上香菜叶即可。

营养功效：豆腐是补钙高手；鸭血能满足孕妈妈对铁质的需要。鸭血豆腐汤热量较低，酸辣口味能调动孕妈妈的胃口，是待产时的好选择。

南瓜牛腩饭

129 千卡 蛋白质  氨基酸  钙  铁

原料：牛腩100克，熟米饭1碗，南瓜1块，胡萝卜半根，高汤、盐、葱花各适量。

做法：❶ 南瓜洗净去皮，切成丁；胡萝卜洗净切成丁。❷ 将牛腩洗净切成丁，放入锅中，用高汤煮至八成熟。❸ 锅中加入南瓜丁、胡萝卜丁和盐，煮至全部熟软；出锅后浇在米饭上，撒上葱花即可。

营养功效：南瓜富含果胶，果胶有很好的吸附性，能清除肠道内的细菌毒素。南瓜中丰富的钴能活跃人体的新陈代谢，是人体胰岛细胞所必需的微量元素，对预防妊娠糖尿病有很大的益处。

炝拌黄豆芽

23 千卡

蛋白质

维生素B_2

胡萝卜素

原料: 黄豆芽 150 克，胡萝卜半根，盐、花椒油、香油各适量。

做法: ❶ 黄豆芽洗净；胡萝卜洗净，去皮切丝。❷ 黄豆芽、胡萝卜丝分别焯水，捞出沥干。❸ 将黄豆芽、胡萝卜丝倒入大碗中，调入盐、香油拌匀；烧热花椒油后，泼在上面，搅拌均匀即可。

营养功效: 黄豆芽中的维生素 B_2 含量是黄豆的 2~4 倍，在本月胎宝宝快速发育的最后时期，食用黄豆芽能有效避免胎宝宝发育迟缓。并且炝拌黄豆芽口感清爽，对孕妈妈控制体重也有好处。

珍珠三鲜汤

56 千卡

蛋白质

胡萝卜素

维生素B_1

原料: 鸡肉、胡萝卜、豌豆各 50 克，番茄 100 克，蛋清、盐、淀粉各适量。

做法: ❶ 豌豆洗净；胡萝卜、番茄切丁；鸡肉洗净剁成肉泥。❷ 把蛋清、鸡肉泥、淀粉放在一起搅拌，捏成丸子。❸ 锅中添水，加入所有食材煮熟，加盐调味即可。

营养功效: 三鲜汤食材丰富，营养均衡，鸡肉中含有多种氨基酸，与富含维生素 B_1 的豌豆同食，对孕妈妈的身体大有裨益。

什锦海鲜面

112 千卡

蛋白质 碘

铜

硒

原料: 面条、虾仁各 50 克，鱿鱼 1 条，香菇 1 朵，黄豆芽、油菜段各 30 克，葱段、油、盐各适量。

做法: ❶ 虾仁洗净；鱿鱼切成圈；香菇洗净，切十字花刀。❷ 油锅烧热，炒香葱段，放入香菇和适量水煮开。❸ 再将鱿鱼圈、虾仁、黄豆芽、油菜段放入锅中煮熟，加盐调味后盛入碗中。❹ 面条煮熟，捞起放入碗里即可。

营养功效: 什锦海鲜面营养均衡且全面，其中含有硒、碘、锰、铜等矿物质，可以补充脑力，加速排毒，增强体力。孕妈妈适量食用滋补又不易增重。

彩椒鸡丝

118 千卡 蛋白质 钙  铁 维生素C

原料：鸡腿2只，青椒、红甜椒各1个，葱段、姜末、蒜末、白糖、蚝油、盐各适量。

做法：❶ 鸡腿洗净，放入锅中，煮至熟透，捞出，撕成小条。❷ 青椒、红甜椒洗净，去子，切成细条。❸ 油锅烧热，放入姜末和蒜末炒香，然后放入青椒条、红甜椒条翻炒。❹ 放入鸡腿肉条，翻炒片刻后，依次加盐、白糖、蚝油、葱段，大火翻炒均匀即可出锅。

营养功效：彩椒鸡丝色香味俱全，能满足孕妈妈的营养需求。孕妈妈可以吃些彩椒，颜色亮丽，辣味很小，还含有大量的维生素C。

海参汤面

81 千卡 蛋白质  钠  钙  钾

原料：面条100克，海参、虾仁、鸡肉各50克，香菇2朵，盐、料酒各适量。

做法：❶ 虾仁、鸡肉、海参分别处理干净，鸡肉、海参切丝；香菇洗净，切丝。❷ 面条煮熟，盛入碗中。❸ 油锅烧热，放入虾仁、鸡肉丝、海参丝、香菇丝翻炒，变色后放入料酒和适量水，烧开后加盐调味，浇在面条上。

营养功效：海参汤面食材丰富，可以有效地为孕妈妈补充能量，而且口味清淡鲜香，容易消化，滋补身体不超重。

香蕉银耳汤

49 千卡  蛋白质 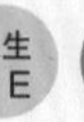 维生素E  钾 磷

原料：银耳20克，香蕉1根，冰糖、枸杞子各适量。

做法：❶ 银耳泡发后洗净，撕小朵；香蕉去皮，切块；枸杞子洗净。❷ 银耳放入碗中，加入清水，放蒸锅内蒸30分钟取出；再与香蕉块、枸杞子一同放入汤锅中，加清水，用中火煮10分钟，最后加入冰糖。

营养功效：香蕉银耳汤香甜可口，香蕉中含有蛋白质、抗坏血酸、膳食纤维等营养物质，对预防孕期抑郁有一定作用。

香菇鸡丝面

98 千卡 蛋白质 钾 钙

原料： 面条、鸡肉各100克，香菇2朵，油菜、盐、料酒各适量。

做法： ❶ 香菇洗净，切十字花刀；鸡肉切丝，用料酒腌制5分钟。❷ 将热油锅中放入鸡肉丝煸炒，加香菇、盐炒熟，盛出。❸ 面条、油菜煮熟，盛入碗中，把鸡肉丝、香菇铺在面条上即可。

营养功效： 香菇富含B族维生素、蛋白质和钾、磷、钙等多种矿物质，这道主食营养丰富，美味又易消化。

南瓜红枣汁

28 千卡 蛋白质 维生素C 铁

原料： 南瓜1/4个，红枣4颗。

做法： ❶ 南瓜洗净，去皮，去子；红枣洗净，去核。❷ 将南瓜切成小块，放入锅中蒸熟。❸ 将所有材料放入榨汁机中，搅打均匀即可。

营养功效： 南瓜红枣汁制作简单，口感清香微甜，适合怕胖的孕妈妈食用，其中含有丰富的蛋白质、维生素C、钙、磷、铁等营养成分，对孕妈妈有补血安神的功效。

黄花鱼炖茄子

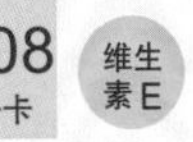

108 千卡 维生素E 胡萝卜素 铁 钙 碘

原料： 黄花鱼1条，茄子1根，葱段、姜丝、白糖、豆瓣酱、盐各适量。

做法： ❶ 黄花鱼处理干净；茄子洗净，切条。❷ 油锅烧热，下葱段、姜丝炝锅，然后放豆瓣酱、白糖翻炒。❸ 加适量水，放入茄子条和黄花鱼，炖熟后，加盐调味即可。

营养功效： 肉质鲜嫩的黄花鱼搭配鲜嫩的茄子，可以给孕妈妈补充胡萝卜素、钙、铁、碘等营养素。因黄花鱼和茄子的热量相对低一些，孕妈妈在享受美味的同时不用担心长胖。

鸡血豆腐汤

61 千卡   

蛋白质 铁 钙

原料: 鸡血 25 克，豆腐 50 克，鸡蛋 1 个，盐、葱花、香油、香菜叶各适量。

做法: ❶ 先将鸡血蒸熟，切成条，用清水漂洗；豆腐切条，放入开水锅中汆烫，捞出沥水；鸡蛋打散。❷ 锅中加适量清水烧开，倒入鸡血条、豆腐条，待豆腐条漂起，淋入蛋液、葱花烧开，加盐、香油、香菜叶即可。

营养功效: 鸡血豆腐汤含有丰富的铁和蛋白质，孕妈妈食用可有效补铁，预防孕晚期发生缺铁性贫血。

鲤鱼木耳汤

65 千卡   

蛋白质 胡萝卜素 铁

原料: 鲤鱼 1 条，木耳 10 克，盐适量。

做法: ❶ 鲤鱼去鳃，去鳞及内脏，洗净；木耳提前泡发，去蒂洗净。❷ 油锅烧热，放入鲤鱼略煎，放木耳翻炒片刻；加入适量水，用大火烧开，小火炖煮约 15 分钟，关火，再放适量盐调味即可。

营养功效: 孕妈妈食用鲤鱼木耳汤，滋养身体但不会过多增重。鲤鱼能很好地降低胆固醇，可以防治妊娠高血压，降低胎宝宝早产的风险；木耳富含铁，可防治孕妈妈缺铁性贫血。

奶酪三明治

72 千卡   

维生素C 钙 钾

原料: 全麦面包 2 片，奶酪 1 片，番茄 1 个，生菜叶 2 片，黄油适量。

做法: ❶ 将不粘锅预热，放入黄油，待黄油溶化后，放入第 1 片全麦面包，然后在上面放奶酪和第 2 片全麦面包。❷ 煎 30 秒后，如果全麦面包已经变成金黄色，整个翻面，将另一片全麦面包也煎成金黄色。❸ 番茄、生菜叶洗净，切片，夹在全麦面包中，用刀切去全麦面包边即可。

营养功效: 奶酪三明治作为早餐食用，营养全面且不易长胖。

秋葵拌鸡肉

原料: 秋葵 5 根，鸡胸肉 100 克，圣女果 5 个，柠檬半个，盐、橄榄油各适量。

做法: ❶ 洗净秋葵、鸡胸肉和圣女果。❷ 秋葵放入滚水中焯烫 2 分钟，捞出、浸凉，去蒂、切小段；鸡胸肉放入滚水中煮熟，捞出沥干，切成小方块。❸ 圣女果对半切开；将橄榄油、盐放入小碗中，挤入几滴柠檬汁，搅拌均匀成调味汁。❹ 切好的秋葵、鸡胸肉和圣女果放入盘中，淋上调味汁即可。

营养功效: 清脆爽口的秋葵热量低，适合偏胖的孕妈妈经常食用，有保护肝脏、增强体力的功效。

紫苋菜粥

钙

原料: 紫苋菜 20 克，大米 50 克，香油、盐各适量。

做法: ❶ 紫苋菜洗净后切碎；大米淘洗干净。❷ 锅内加适量清水，放入大米，煮至粥将成时，加入香油、紫苋菜碎、盐，煮熟即可。

营养功效: 苋菜粥具有清热止痢、顺胎产的作用。特别适合孕妈妈临盆时进食，能利窍、滑胎、易产，是孕妈妈临产前的保健食品。

干煸菜花

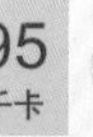

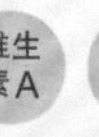

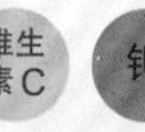

原料: 菜花 300 克，五花肉 50 克，青椒、红甜椒各 30 克，葱末、姜末、蒜末、生抽、盐各适量。

做法: ❶ 将青椒、红甜椒洗净，切块。❷ 五花肉洗净，切丁；菜花掰开，放入盐水中浸泡 10 分钟左右。❸ 油锅烧热，放入葱末、姜末、蒜末、五花肉丁，炒至变色，倒入生抽。❹ 放菜花，大火翻炒至熟，放入青椒块、红甜椒块略炒，加盐调味即可。

营养功效: 干煸菜花荤素搭配，美味不油腻，有利于孕妈妈补充营养。

附录 营养不增重的月子餐

产后第 1 周调养方案

新妈妈刚刚进行了一场“重体力劳动”——分娩，消耗了不少体力，家人一定为新妈妈准备了很多补养食品，但因为产后特殊的生理变化，此时的进补要更为慎重，不宜大补，而且药补不如食补，所以，专家建议，本周宜吃些清淡、开胃的食物和帮助排恶露的食物。

红豆山药粥

原料： 红豆、薏米各 20 克，山药 1 根，燕麦片适量。

做法： ❶ 山药削皮，洗净，切小块。❷ 红豆和薏米洗净后，放入锅中，加适量水，中火烧沸，煮 3 分钟，转小火，焖 30 分钟。❸ 将山药块和燕麦片倒入锅中，再次用中火煮沸后，转小火焖熟即可。

营养功效： 红豆利尿消肿，有助于改善新妈妈身体的水肿，和山药煮粥，还可滋补开胃。

什菌一品煲

原料： 猴头菌、草菇、平菇、香菇各 20 克，白菜心 100 克，葱段、盐各适量。

做法： ❶ 香菇洗净，切去蒂，划十字花刀；平菇洗净切去根部；猴头菌和草菇洗净后切开；白菜心掰成小瓣。❷ 锅内放入清水、葱段，大火烧开。❸ 再放入处理过的香菇、草菇、平菇、猴头菌、白菜心，转小火煲 10 分钟，加盐调味即可。

营养功效： 什菌一品煲利于新妈妈开胃、放松心情，营养又不增重。

阿胶核桃仁红枣羹

原料： 阿胶 10 克，核桃仁 15 克，红枣 3 颗。

做法： ❶ 核桃仁去皮，掰小块；红枣洗净，去核；阿胶砸成块，10 克阿胶加入 20 毫升水放入瓷碗中，隔水蒸化。❷ 红枣、核桃仁块放入砂锅内加清水慢煮。❸ 将蒸化后的阿胶放入锅内，与红枣、核桃仁略煮即可。

营养功效： 此羹营养全面，对新妈妈产后康复和催乳都十分有益。

产后第 2 周调养方案

新妈妈在经过第 1 周的调养，身体和情绪上都有了明显的好转，渐渐适应了产后的规律生活，体力也慢慢恢复了，胃口也有所好转。本周需要调理气血，可适当吃些补气血以及补钙的食物，如红枣、动物肝脏、豆腐等。但由于恶露还未全部排净，新妈妈仍不宜大补。

枸杞红枣蒸鲫鱼

原料：鲫鱼 1 条，红枣 2 颗，葱姜汁、枸杞子、料酒、盐、高汤、醋各适量。

做法：❶ 鲫鱼处理好，洗净，氽烫后用温水冲洗。❷ 在鲫鱼腹中放 2 颗红枣，将鲫鱼放入鱼盘内，放入枸杞子、料酒、醋、高汤、葱姜汁、盐，腌制 15 分钟。❸ 放入蒸锅内蒸 20 分钟即可。

营养功效：鲫鱼肉质鲜嫩，脂肪少，搭配红枣和枸杞，营养丰富并有催乳作用。

羊肝胡萝卜粥

原料：羊肝、胡萝卜各 50 克，大米 30 克，葱花、姜末、酱油、盐各适量。

做法：❶ 羊肝洗净，切成片，用姜末、酱油腌制 10 分钟；胡萝卜洗净，切成小丁；大米洗净，浸泡 30 分钟。❷ 油锅烧热，下入羊肝大火略炒，待熟透盛起。❸ 将大米用大火熬成粥，加入胡萝卜丁焖 20 分钟，关火后拌入羊肝片，撒入葱花，加盐调味即可。

营养功效：羊肝富含维生素 B_2，能促进身体的新陈代谢，此外还富含铁，铁质是生产血红蛋白必需的元素，可帮助新妈妈补血。

猪蹄茭白汤

原料：猪蹄 200 克，茭白 50 克，姜片、盐各适量。

做法：❶ 猪蹄用开水烫后去毛，冲洗干净，斩块；茭白洗净，切片。❷ 猪蹄块放入锅内，加清水至没过猪蹄块，加入姜片大火烧沸，撇去浮沫。❸ 转小火将猪蹄块煮烂，放入茭白片，继续煮熟，加盐调味即可。

营养功效：猪蹄可以促进骨髓增长，并对皮肤有益，还能有效增强乳汁的分泌，适合哺乳妈妈食用。

产后第 3 周调养方案

产后第 3 周，新妈妈的肠胃功能基本恢复了，是时候开始滋补了。新妈妈滋补得当，不但不用担心会长胖，还可以恢复分娩时造成的身体消耗，而且可以利用月子期的合理饮食和健康生活方式，改善气喘、怕冷、掉发、便秘、易疲劳等问题。

胡萝卜菠菜炒饭

原料： 米饭 1 碗，鸡蛋 2 个，胡萝卜、菠菜各 20 克，葱末、盐各适量。

做法： ❶ 胡萝卜洗净，切丁；菠菜洗净，切碎；鸡蛋打成蛋液。❷ 油锅烧热，放鸡蛋液炒散成块，盛出。❸ 另起油锅烧热，放葱末煸香，加入胡萝卜丁、菠菜碎、鸡蛋块翻炒片刻，加米饭、盐炒均即可。

营养功效： 胡萝卜菠菜炒饭富含蛋白质、胡萝卜素、铁、钙等营养素，有利于促进新妈妈身体恢复和乳汁质量提高。

什锦水果羹

原料： 苹果、草莓、白兰瓜、猕猴桃各 50 克。

做法： ❶ 将苹果、白兰瓜洗净去皮、去子、去核，切同样大小的方丁；草莓洗净，去蒂，切块；猕猴桃剥皮取肉，切丁。❷ 将苹果丁、白兰瓜丁、猕猴桃丁、草莓块一同放入锅内，加清水大火煮沸，转小火再煮 10 分钟即可。

营养功效： 水果是预防便秘、恢复苗条身材的好食材，煮着吃更养胃。

羊骨小米粥

原料： 羊骨 50 克，小米 30 克，陈皮丝、姜丝、苹果块各适量。

做法： ❶ 小米洗净，浸泡一会儿；羊骨洗净，捣碎。❷ 在锅中放入适量清水，将羊骨、陈皮丝、姜丝、苹果块放入锅中，用大火烧沸。❸ 放入小米小火熬煮，待小米煮熟透即可。

营养功效： 羊骨小米粥营养丰富，能补钙、补血，帮助恢复身体，还有催乳功效。

产后第 4 周调养方案

到了第 4 周，很多新妈妈都会感觉身体较前 3 周有很明显的变化， 变得轻快、舒畅了。腹部明显收缩了很多，会阴侧切的和剖宫产的新妈妈也不再觉得伤口疼痛。此时，正是顺应身体的状况，进行大补的好时候。

花生鸡爪汤

原料： 鸡爪 50 克，花生仁 20 克，姜片、盐各适量。

做法： ❶ 鸡爪剪去爪尖，洗净；花生仁用温水浸泡 30 分钟。❷ 锅中加适量水，大火煮沸后，放入鸡爪、花生仁、姜片，煮至熟透。❸ 加盐调味，转小火稍焖煮即可。

营养功效： 花生鸡爪汤能促进新妈妈乳汁分泌，有利于子宫恢复，在进补的同时也不会长胖。

白斩鸡

原料： 三黄鸡 1 只，葱花、姜末、香油、醋、盐、白糖各适量。

做法： ❶ 三黄鸡去内脏，洗净，放入热水锅，小火焖 30 分钟。❷ 葱花、姜末同放到碗里，再加入白糖、盐、醋、香油，用焖鸡的鸡汤将其调匀。❸ 把鸡拿出来剁块，放入盘中，把调好的料汁淋到鸡肉块上即可。

营养功效： 白斩鸡保留了三黄鸡的原味，脂肪含量也较低，新妈妈享受美味时不用担心长胖。

冬瓜陈皮汤

原料： 冬瓜 200 克，陈皮 5 克，香菇 1 朵，香油、盐各适量。

做法： ❶ 冬瓜去皮，洗净，切块；陈皮用温水浸泡 5 分钟，洗净，切丝；香菇去蒂洗净，切十字花刀。❷ 冬瓜块、陈皮丝和香菇放入砂锅中，加入适量清水，大火煮沸转小火煲 1 小时，加盐调味，淋入香油即可。

营养功效： 冬瓜中富含维生素 C 和钾，有助于新妈妈排毒和消除水肿，对控制体重有好处。

产后第 5 周调养方案

本周，新妈妈的身体基本复原，进补可以适当减少，但也不能一味节制，要达到膳食平衡。饮食要重质不重量，肉、蛋、奶、蔬菜、水果、坚果、谷类等都要适量摄入，但要适当减少油脂类食物的摄入。

海参当归汤

原料： 海参 50 克，干黄花菜、荷兰豆各 30 克，当归 6 克，百合、姜丝、盐各适量。

做法： ❶ 海参洗净，汆烫，沥干；干黄花菜泡好，掐去老根洗净，切段；百合洗净，掰片；荷兰豆洗净，切段；当归洗净。❷ 油锅烧热，爆香姜丝，放黄花菜段、荷兰豆段、当归炒匀，加适量清水煮沸。❸ 加入百合片、海参，大火煮熟透，加盐调味即可。

营养功效： 海参高营养、低脂、低热量，非常适合新妈妈进补。

奶香鸡丁

原料： 鸡腿肉 200 克，木瓜 1 个，淡奶油 120 毫升，盐、淀粉各适量。

做法： ❶ 鸡腿肉剔骨去皮，切成丁，用盐、淀粉腌一会儿；木瓜切开，取木瓜肉切丁。❷ 油锅烧热，放入鸡肉丁炒至变色，加入淡奶油，改小火慢慢收汁。❸ 汁快收好后，放入木瓜丁，翻炒均匀即可。

营养功效： 鲜嫩的鸡肉加入牛奶、木瓜更加美味了，滋补的同时也不会摄入太多热量。

牛蒡粥

原料： 牛蒡、猪瘦肉各 30 克，大米 100 克，盐适量。

做法： ❶ 牛蒡去皮，洗净，切片；猪瘦肉洗净，切条；大米洗净，浸泡。❷ 锅置火上，放入大米和适量清水，大火烧沸后改小火，放入牛蒡片和猪瘦肉条，小火熬煮 40 分钟，待粥黏稠时，加盐即可。

营养功效： 牛蒡能清热解毒，预防脂肪生成，适合新妈妈食用。

产后第 6 周调养方案

新妈妈在这周不需继续大量进补了，可以开始为恢复身材做准备了，此时的新妈妈更要注意营养的均衡摄入，做到科学、健康瘦身。新妈妈不要用节食来达到瘦身的目的，因为过分节食而影响宝宝及自身健康，是很不“划算”的。

玫瑰草莓露

原料: 干玫瑰花 5 克，草莓 5 个，牛奶 125 毫升。

做法: ❶ 干玫瑰花和草莓洗净，干玫瑰花泡水 30 分钟后，与草莓一起榨汁，滤渣。❷ 将牛奶倒入果汁中，搅拌均匀即可。

营养功效: 玫瑰和牛奶有排毒的功效，产后皮肤暗淡的新妈妈可以适量饮用。而且，草莓对于新妈妈瘦身美颜都有好处。

黄豆糙米南瓜粥

原料: 糙米 80 克，黄豆 20 克，南瓜 50 克。

做法: ❶ 黄豆、糙米分别洗净，浸泡 1 小时；南瓜洗净，去皮、去瓤，切块。❷ 糙米、黄豆、南瓜块一同放入锅内，加适量清水大火煮沸，转小火煮至粥稠即可。

营养功效: 糙米和南瓜容易让新妈妈有饱腹感，有利于控制食量及体重。

木瓜竹荪炖排骨

原料: 排骨 300 克，竹荪 25 克，木瓜半个，盐适量。

做法: ❶ 排骨斩块，放入沸水中汆烫，洗去血沫；竹荪用盐水泡发，洗净，剪小段；木瓜去皮、去子，切块。❷ 竹荪段、排骨块、木瓜块一起放入砂锅中，加盖炖 1 小时。❸ 待食材熟透，加盐调味即可。

营养功效: 竹荪有保护肝脏、减少腹壁脂肪堆积的作用，从而帮助新妈妈达到减肥的目的。与排骨同食可减少其油脂。

图书在版编目（CIP）数据

吃不胖的怀孕营养餐 / 李宁主编 . -- 南京：江苏凤凰科学技术出版社，2018.6
（汉竹 • 亲亲乐读系列）
ISBN 978-7-5537-9090-9

Ⅰ . ①吃… Ⅱ . ①李… Ⅲ . ①孕妇－妇幼保健－食谱Ⅳ . ① TS972.164

中国版本图书馆 CIP 数据核字 (2018) 第 050207 号

吃不胖的怀孕营养餐

主　　编　李　宁
编　　著　汉　竹
责任编辑　刘玉锋
特邀编辑　姜秀颖　李佳昕　张　欢
责任校对　郝慧华
责任监制　曹叶平　方　晨

出版发行　江苏凤凰科学技术出版社
出版社地址　南京市湖南路 1 号 A 楼，邮编：210009
出版社网址　http://www.pspress.cn
印　　刷　南京精艺印刷有限公司

开　　本　715 mm × 868 mm　1/12
印　　张　15
字　　数　150 000
版　　次　2018 年 6 月第 1 版
印　　次　2018 年 6 月第 1 次印刷

标准书号　ISBN 978-7-5537-9090-9
定　　价　49.80 元

图书如有印装质量问题，可向我社出版科调换。